iT邦幫忙 鐵人賽

博碩文化

U0099613

圖像 Angular 開發入門
打造高靈活度的網頁應用程式 第二版

2020
iT邦幫忙
鐵人賽
佳作
iThome

一本介紹 Angular 的台灣本土專書
淺入深一層一層地帶你了解 Angular 前端框架

利用圖像化方式說明 Angular 各種觀念
透過持續發展的待辦事項功能需求連結前端開發技術
完整介紹在開發流程中使用 Angular CLI 命令

本書提供線上範例檔

黃俊壹 (阿壹) —— 著

本書如有破損或裝訂錯誤，請寄回本公司更換

作　　者：黃俊壹（阿壹）
責任編輯：林楷倫

董 事 長：陳來勝
總 編 輯：陳錦輝
出　　版：博碩文化股份有限公司
地　　址：221 新北市汐止區新台五路一段 112 號 10 樓 A 棟
　　　　　電話 (02) 2696-2869　傳真 (02) 2696-2867
發　　行：博碩文化股份有限公司

郵撥帳號：17484299　戶名：博碩文化股份有限公司
博碩網站：http://www.drmaster.com.tw
讀者服務信箱：dr26962869@gmail.com
訂購服務專線：(02) 2696-2869 分機 238、519
（週一至週五 09:30 ～ 12:00；13:30 ～ 17:00）

版　　次 2023 年 11 月第二版一刷
建議零售價：新台幣 720 元
I S B N：978-626-333-669-8
律師顧問：鳴權法律事務所 陳曉鳴 律師

國家圖書館出版品預行編目資料

圖像Angular開發入門：打造高靈活度的網頁應用程
式 / 黃俊壹(阿壹)著. -- 第二版. -- 新北市：博碩文化
股份有限公司, 2023.11
　　面；　公分. -- (iT邦幫忙鐵人賽系列書)

ISBN 978-626-333-669-8 (平裝)

1.CST: 軟體研發 2.CST: 電腦程式設計

312.2　　　　　　　　　　　　　　112018555

Printed in Taiwan

博 碩 粉 絲 團

歡迎團體訂購，另有優惠，請洽服務專線
(02) 2696-2869 分機 238、519

商標聲明

本書中所引用之商標、產品名稱分屬各公司所有，本書
引用純屬介紹之用，並無任何侵害之意。

有限擔保責任聲明

雖然作者與出版社已全力編輯與製作本書，唯不擔保本
書及其所附媒體無任何瑕疵；亦不為使用本書而引起之
衍生利益損失或意外損毀之損失擔保責任。即使本公司
先前已被告知前述損毀之發生。本公司依本書所負之責
任，僅限於台端對本書所付之實際價款。

著作權聲明

本書著作權為作者所有，並受國際著作權法保護，未經
授權任意拷貝、引用、翻印，均屬違法。

推薦序

2013 年的時候，我有天醒來，躺在床上滑了 30 分鐘左右的手機，詳細閱讀了 AngularJS 官網的架構總覽 (Architecture Overview)，認真覺得這個框架設計的極其精妙，興奮的趕快跑到電腦前面寫起了我的第一支 AngularJS 程式，奇妙的旅程就此展開。

想當年 AngularJS 風靡全球，百萬開發者用嶄新的架構開發著 Web 應用程式，經過了多年的發展，AngularJS 函式庫大幅躍進到 Angular 開發框架，不但開發工具全面且完整，企業級的前端開發框架也不是說著玩的。我從 Angular 2 玩到最近的 Angular 13，感受最深的地方，就是這套前端開發框架實在是非常穩定，而且 Angular 這幾年的演進過程，很少有破壞性更新，升級版本也一次比一次容易，開發體驗也是越來越好，實在讓人愛不釋手。

目前世面上講授 Angular 的中文書籍很少，但這本「圖像 Angular 開發入門」非常適合新手入門，對於想要進入前端框架領域的新手來說，是個相當不錯的選擇。書中講解不少 Angular 實戰開發中必須瞭解的重要觀念，搭配著完整的範例程式碼，初學者可以直接從線上就能體驗 Angular 的開發過程，也可以透過互動的方式快速掌握精髓之處。

師傅帶進門、修行靠個人，當你上手 Angular 開發框架之後，還是需要投入大量的時間不斷琢磨各種技術細節，透過程式寫作的過程不斷驗證書中所學的知識，相信你可以藉由本書入門，邁向頂尖工程師的康莊大道。

多奇數位創意 技術總監、Google Developer Expert、Microsoft MVP

Will 保哥

2021/8/16

部落格：https://blog.miniasp.com/

臉書專頁：https://www.facebook.com/will.fans/

i

序

在使用者操作需求的日益複雜下，Angular、React 與 Vue.js 三大前端框架相繼出現，帶動了前端技術爆炸性的發展。我在前端開發的經驗上，從早期使用 JavaScript 或 jQuery 開發，雖然在開發上帶來了方便與簡單，但很容易寫出義大利麵式的程式碼風格，導致在較複雜的系統上都有不好維護的問題存在。之後接觸了 Angular 的前端框架後，讓整個應用程式的開發可以跟堆積木一樣的進行。它提供了前端開發一個完整的解決方案，除了讓團隊在開發上遵循著最基本的原則，也讓整個開發過程更加著重在單一需求的實作上。而且在 Angular CLI 工具與 Schematics 技術的加入，更減輕整個開發過程的工作。

也因為 Angular 框架著重單一職責與依賴注入的開發方式，雖然帶來了較高彈性的應用程式，相對的也提高了整個 Angular 學習曲線的陡度。不過在多年的發展下，整個框架也日趨成熟，在學習成本、開發與執行速度上都得到了很好的平衡點。

然而，在學習任何的技能時，我認為與玩 RPG 遊戲一樣，會一個關卡一個關卡的前進。一開始我們會在一張完全隱沒在黑暗中的技能地圖，需要從地圖起點處的新手村開始進行，而且每一次的過關，都會讓我們學習到下一個關卡所需的技能與觀念。當技能的地圖清晰的範圍愈大，每關的路徑連結愈明確時，我們的技能就會一層一層的堆疊上去。

因此，本書會秉持著這樣的想法，去介紹與說明 Angular 的各種觀念，其中大致包含了：

Chapter 1 進入 Angular 世界的大門

一開始大致介紹 Angular 的起源與發展歷史，並一步步的協助讀者建立 Angular 的開發環境，以及要如何去建立與啟動一個全新的專案，並說明整個專案內每個檔案的功能與用途。

Chapter 2 應用程式的收納盒 – 模組

Angular 15 以前的版本是以模組為預設的開發方式，這一章會說明 Angular 模組的定義與使用，以及 Angular 內建所支援的模組。

Chapter 3 應用程式的基石 – 元件

整個 Angular 應用程式是由元件來支撐的，本章會從針對單一元件在檢視、邏輯與樣式間的處理，到多個元件之間的互動，進一步說明到檢視與樣式層級的封裝，以及元件從出生到死亡的生命週期。以循序漸進的方式，讓讀者更容易了解如何開發 Angular 元件。

Chapter 4 功能擴增的黑魔法 – 指令

在了解元件的觀念後，就會說明如何擴增上一章所開發 Angular 元件功能，來增加整個應用程式的彈性。本章除了介紹使用 Angular 內建的指令外，也會詳細說明如何自己開發屬性型與結構型指令。

Chapter 5 檢視資料的面具 – 管道

熟悉利用元件與指令處理邏輯後，本章會說明如何利用管道來包裝在介面上所顯示運算後的結果。其中包含了 Angular 內建的管道，以及如何自己開發管道元件，讓讀者了解在 Angular 應用程式要如何在不變更資料的狀態下，改變資料檢視的格式。

Chapter 6 應用程式的橋梁 – 服務

本章會說明如何利用 Angular 服務作為應用程式的橋梁，來連結 Angular 應用程式內的元件以及遠端服務。還會說明 Angular 開發中的核心觀念：依賴注入機制，讓讀者了解到要怎麼做到如同積木一樣的開發與抽換應用程式內的功能。

Chapter 7 範本驅動表單

表單功能是網頁應用程式常見的功能，本章會說明如何利用 Angular 快速開發使用者表單，以及如何把表單所需要的驗證需求指令化。

Chapter 8 響應式表單

Angular 也提供了的另一種表單開發方式，來開發更有彈性與靈活的使用者表單。本章也會一步步說明要如何把表單功能封裝成元件。

Chapter 9 功能頁面的切換 – 路由

本章會說明 Angular 的路由機制，從基本的路由組態的設定與切換，到在功能頁面切換時傳遞資料，以及控制頁面進出的權限管理。

Chapter 10 應用程式的檢驗 – 測試

測試是應用程式開發流程中很重要的階段，Angular 也針對單元測試有完整的支援，本章會說明 Jasmine 的語法，以及如何針對 Angular 元件、指令、管道、服務等各種不同情境撰寫單元測試。

Chapter 11　Angular 全新特性

Angular 16 與 17 新增了如獨立元件、Signal 機制與全新的頁面控制語法，這一章會一一說明這些新加入的特性。

Chapter 12　開發、建置與部署

Angular CLI 是開發 Angular 應用程式的利器，本章會介紹如何在開發過程中，利用 CLI 命令來簡化整個開發作業，以及建置與部署應用程式需要做的組態設定。

本書每一章的範例都會放在 StackBliz 服務裡，讀者可以連結 https://stackblitz.com/@Oliver721003/collections/ng-book-v2 取得所有的範例程式碼，如果你在閱讀本書有任何疑問與建議，都可以寄信到 yi721003@gmail.com 與我聯繫。

目錄

01 進入 Angular 世界的大門

02 應用程式的收納盒 – 模組（Module）

03　應用程式的基石 – 元件（Component）

04 功能擴增的黑魔法 – 指令（Directive）

05 檢視資料的面具 – 管道（Pipe）

06　應用程式的橋梁 – 服務（Service）

07　範本驅動表單（Template-Driven Form）

08　響應式表單（Reactive Form）

09 功能頁面的切換 – 路由（Router）

10　應用程式的檢驗 – 測試

11 Angular 全新特性

12 開發、建置與部署

Chapter
01
進入 Angular
世界的大門

▶ 1.1 Angular 簡介

Angular 是由 Google 的 Angular 團隊與社群所發展出來的開源前端框架，它整合了各種不同的開發需求，讓開發人員更容易地解決所面臨的難題。本節會簡單介紹 Angular 的發展過程，以及其有哪裡的主要特性。

本節目標

▶ 了解 Angular 發展歷史

▶ 了解 Angular 主要特性

1.1.1 Angular 的發展歷史

圖 1-1　Angular 前端框架 [1]

在 2010 年時，Google 發佈了 AngularJS 框架，透過關注點分離與 MVC 的開發架構來建置網頁應用程式，開啟了前端開發快速發展的一個時期。不過經過幾年的發展下，AngularJS 愈來愈無法應付前端快速發展下的需求與問題，因整體設計所導致的效率問題也慢慢地浮上檯面。為了解決 AngularJS 的發展瓶頸，Google 重新改寫了 AngularJS 框架的架構，並以 Angular 2 在 2014 年釋出。也由於整個框架的更改幅度太大，又延續地使用版本編號，因而在開發人員間引起了不少的討論與爭議。為了減少開發人員在版本上的混亂，Google 統一將 AngularJS 用來專指 1.x 版本；Angular 則專指版本 2 以及之後更高的版本。

1　Angular 官方網站：https://angular.dev/

> ⏰ **AngularJS vs. Angular**
>
> 由於這兩個框架整體架構完全不同,因此會如同 Java 與 JavaScript 一樣,視為兩個完全獨立的框架;不過 Angular 團隊也有提供將 AngularJS 升級到 Angular 的指引 [2]。順帶一提,AngularJS 將在 2021 年 12 月 31 日結束開發上的支援。

Angular 在發佈後歷經了多數的版本,過程中整合了路由、CDK 與以 Material Design 為設計原則的 Angular Material 套件。在 Angular 6 強化了整個開發工具的功能,利用 Schematics 的定義讓開發過程中更加地便利。Angular 7 則是針對 Angular Material 在 UI 上的升級,增加了虛擬捲動、拖曳操作以及在無障礙操作(Accessibility, a11y)上的優化。而在 Angular 8 進一步提出了 Ivy 架構來取代原本的 View Engine,大大減少了應用程式打包後的檔案大小,以及強化了在開發除錯上的方便性,到 Angular 12 就讓 Ivy 架構支援到各種不同的 Angular 專案上,並在 Angular 13 完全捨棄 View Engine 的建構方式。另外,Angular 13 也加入了快取的機制,以及將編譯封裝後的檔案格式變更為 Angular Package Format (APF),來提供更快的編譯速度。Angular 14 則支援了強型式的響應式表單(Typed Reactive Form);也提出了獨立元件(Standalone Component)開發方式,來讓元件可以不用宣告在特定模組中,以增加開發上的彈性,並在 Angular 15 正式發佈此種元件開發方式。Angular 15 也在獨立元件的基礎下,新增了指令組合 API(Directive Component API)把多個元件或指令組合起來。最後,在 Angular 16 與 17 提出並發佈以 Signal 機制來降低 Angular 對 zone.js 套件的依賴,以便開發出更加響應式元件。Angular 17 也採用了 Vite 與 esbuild 來

2　AngularJS 升級至 Angular 指引:https://angular.io/guide/upgrade

建置應用程式專案，以及改善了伺服器渲染（Server-side rendering, SSR）的支援，並且針對頁面範本提出全新的控制流程與延遲載入頁面顯示的語法。至今，Angular 主要朝著發展完整的前端解決方案，讓開發人員可以直接使用框架核心來完成多數的需求，減少尋找與依賴第三方套件。

1.1.2 Angular 特性

瞭解了 Angular 的發展歷史後，再來看看它有哪裡主要特性。

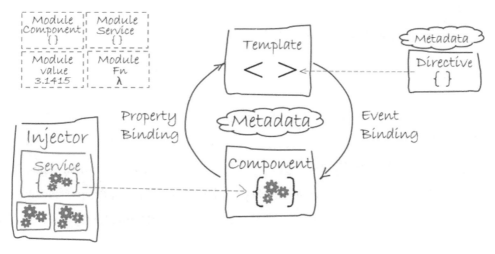

圖 1-2　Angular 架構 [3]

- **支援強型別與模組化的建構方式**

    Angular 利用強型別的 TypeScript 語言進行網頁應用程式的開發，並以模組（Module）為主要的建構方式。在模組裡可以定義元件（Component）、指令（Directive）與管線（Pipe）等不同的元件類

3　資料來源：https://angular.io/guide/architecture

型,且可以利用服務(Service)來封裝計算邏輯或是不同元件間的互動串連,使用可以更容易地開發出高內聚與低耦合的應用程式。

■ **利用依賴注入的方式來堆疊與抽換元件**

Angular 採用了依賴注入(Dependency Inject, DI)的方式來管控系統模組間與元件間的耦合度,讓我們可以透過令牌(Token)與提供者(Provider)對應關係的設定,在特定的模組或元件下,更方便地去抽換所依賴的元件或服務,大大的增加了整個應用程式的可維護性。

■ **支援各種不同類型的應用程式**

一般而言、我們會利用 Angular 所提供的路由機制,來開發單一頁面應用程式(Single-Page Application, SPA)。除此之外,也可以搭配 Electron 來開發桌面應用程式(Desktop App);或是結合 Ionic 來開發行動裝置應用程式(Mobile App)。Angular 團隊也開發了各種套件來支援各種不同的需求。例如:多國語系(Internationalization, i18n),無障礙網頁(Accessibility, a11y)、漸進式應用程式(Progressive Web App, PWA)以及用來支援搜尋引擎優化(Search Engine Optimization, SEO)的伺服器渲染(Server-side render, SSR)應用程式;甚至可以將 Angular 元件打包成一符合 Web 標準的自訂 HTML 元素,然後直接使用在其他函式庫或框架(如 jQuery、React 與 Vue.js)所開發出來的應用程式或靜態網站中。

■ **完整的開發工具**

在開發應用程式過程中,我們常需要建立專案目錄或是啟動應用程式來確認開發的狀況,也會依照設計規格建立各種不同的程式檔案來實作各種需求,並經由測試的過程驗證程式品質,最後將整個應用程式進行編譯與發佈至網頁伺服器中,讓客戶去驗收與使用。

Angular 團隊提供了 Angular CLI 指令來簡化上述的開發流程；且在多人的開發團隊裡，也可以使用 CLI 裡的 `ng lint` 指令來檢查程式風格是否符合團隊的規範，避免寫出聯合國樣的程式風格。除此之外，讓筆者覺得更方便的是，只要套件中有提供 Schematics 定義，開發人員就可以利用 `ng update` 的指令來完成套件的初始化或版本更新，減少手動修改程式的機會。

> ⏰ **快速的 Angular 版本發佈**
>
> Angular 團隊宣稱整個 Angular 的發佈週期會在每六個月發佈一個版本，因此很快地就會看到 Angular 的新版本發佈。在這麼快的更新頻率下，也因為 Angular 核心皆提供了 Schematics 定義，所以實務上多數都直接使用 Angular CLI 內的 `update` 指令來完成專案的升級作業，即便遇到破壞化變更，CLI 也可以幫你改好改滿，相當的方便。

另外，Angular 團隊也開發了 Angular Dev Tools[4] 的 Chrome 擴充套件，用來提供 Angular 應用程式的錯誤與剖析。我們可以透過它來檢視與編輯元件中所記錄的狀態，或者是檢測執行應用程式期間的效能瓶頸。

---

4 Angular Dev Tools 擴充套件：https://chrome.google.com/webstore/detail/angular-devtools/ienfalfjdbdpebioblfackkekamfmbnh

▶ 1.2 建置 Angular 開發環境

Angular CLI 是開發 Angular 應用程式時很重要的工具，透過它可以簡化整個過程中高重覆性的作業。這一節會說明如何建置 Angular 的開發環境，以及開發的前置作業。

本節目標

▶ 如何安裝 Angular CLI 與開發環境

▶ 如何建立 Angular 工作空間與專案

▶ 如何啟動 Angular 網頁應用程式

1.2.1 安裝 Node.js

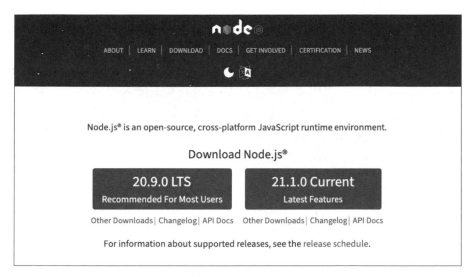

圖 1-3　Node.js

在安裝 Angular CLI 之前，需要先安裝 Node.js，可以到 Node.js 官網 [5] 下載與安裝。需要注意的事，Node.js 的官網上會提供長期支援版本與目前最新版本，而不同的 Angular 版本會支援不同的 Node.js 版本（如下表 [6]）。若不清楚兩者之間的對應的話，建議安裝長期支援的版本為主。

Angular 版本	Node.js 版本
ver. 17	^18.13.0、^20.9.0
ver. 16	^16.14.0、^18.10.0
ver. 15	^14.20.0、^16.13.0、^18.10.0

5　Node.js 官網：https://nodejs.org/en/

6　Angular 14 之前的版本已經不是長期支援的版本， 如果要查詢 Angular 14 之前版本對應的 Node.js 版本，可以從 Angular 官網（https://angular.io/guide/versions）中查詢。

另外，Node.js 也可以使用 Terminal 終端機指令來安裝，如果是使用 Windows 的讀者，可以透過下面 Chocolatey[7] 命令進行安裝。

```
C:\> choco install nodejs
```

若是 macOS 的讀者則可以使用內建的 Homebrew 安裝 Node.js

```
$ brew install node
```

> ### ⏰ 什麼是長期支援版本
>
> 長期支援（Long-term support, LTS）版本是一個在軟體的產品生命週期中所會釋出的版本，此版本不會進行新特性的開發，但會針對程式的 Bug 或安全性進行修正。

在安裝完 Node.js 之後，可以在 Terminal 終端機執行下面命令來確認與所安裝的版本（也可以使用縮寫 -v）。

```
$ node --version
```

```
> node --version
v20.9.0
```

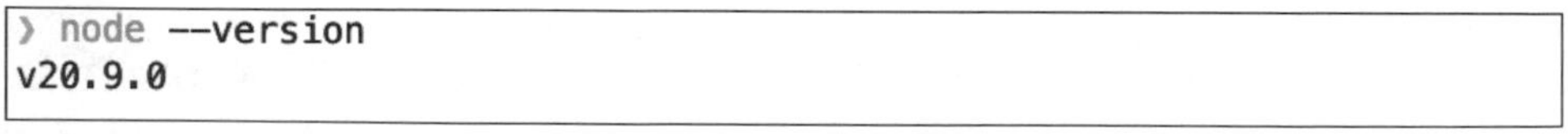

圖 1-4　Node.js 版本

7　Chocolatey 不是 Windows 內建指令，使用需依官網（https://chocolatey.org/install）的說明下載安裝

順帶一提，實務上常會因為不同的專案需要安裝不同的 Angular 版本，此時就可以利用 NVM 來進行管理。NVM（Node Version Manger）可以用來下載與切換不同的 Node.js 版本，我們就可以每個版本內安裝所需要的全域套件。

在 Windows 環境中，可以到 NVM for Windows 的 GitHub 頁面下載安裝檔案（nvm-setup.exe）。

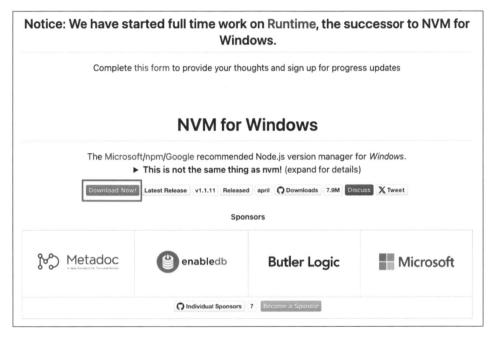

圖 1-5　下載 NVM 安裝檔案 [8]

如果 macOS 的環境下，則可以參考 NVM 的 GitHub 頁面說明 [9]，透過 cURL 或 Wget 命令進行安裝。

8　NVM GitHub 網址：https://github.com/coreybutler/nvm-windows#readme
9　NVM 設定 Shell：https://github.com/nvm-sh/nvm#install--update-script

```
$ curl -o- https://raw.githubusercontent.com/nvm-sh/nvm/v0.39.5/install.sh | bash
```

```
$ wget -qO- https://raw.githubusercontent.com/nvm-sh/nvm/v0.39.5/install.sh | bash
```

然後，依照不同的終端機 Shell，去在對應的組態定義檔加入下面指令，讓終端機啟動時載入 NVM。

```
export NVM_DIR="$([ -z "${XDG_CONFIG_HOME-}" ] && printf %s "${HOME}/.nvm" ||
printf %s "${XDG_CONFIG_HOME}/nvm")"
[ -s "$NVM_DIR/nvm.sh" ] && \. "$NVM_DIR/nvm.sh" # This loads nvm
```

最後就可以在 Terminal 終於端執行下面命令來確認安裝的版本：

```
$ nvm -v
```

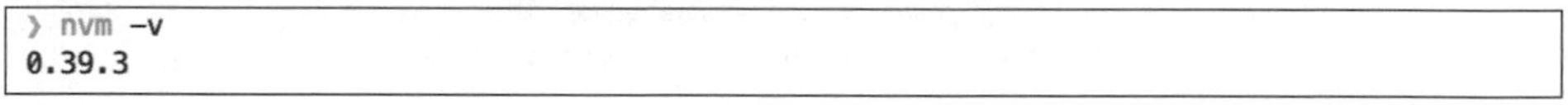

```
) nvm -v
0.39.3
```

圖 1-6 NVM 版本

如此一來，就可以利用下列的命令來管理不同的 Node.js 版本，以及其下所安裝的套件：

- **nvm ls**

  列出本機所已安裝的 Node.js 版本

- **nvm install**

  安裝特定的 Node.js 版本

- **nvm use**

  切換到特定的 Node.js 版本

- **nvm alias default** 版本號

  設定預設使用的 Node.js 版本

如果想知道其他的 NVM 命令，也可以使用 **nvm --help** 來查詢。

1.2.2 安裝 Angular CLI

安裝完 Node.js 後，就可以透過下面 NPM 命令安裝 Angular CLI。

```
$ npm install --global @angular/cli
```

也可以利用 NPM 提供的簡化命令來完成。

```
$ npm i -g @angular/cli
```

最後可以在 Terminal 終端機執行 **ng version** 命令，來確認是否安裝成功以及 Angular CLI 的版本。

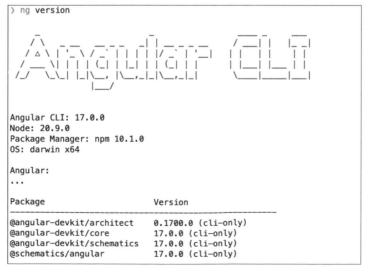

圖 1-7　Angular CLI 版本資訊

⏰ **我使用 Mac 為什麼都無法成功安裝 Angular CLI**

在 Mac 電腦中需要在指令前加上 sudo 來給予安裝的權限，才能成功安裝 Angular CLI。

1.2.3 利用 Angular CLI 建立專案

在 Terminal 終端機中執行下面 Angular CLI 命令，就可以建立 Angular 專案。

```
$ ng new 專案名稱 [參數]
```

在 Angular 16 之前的版本，若沒有指定任何參數時，Angular 會先詢問是否加入路由設定 [10]，因為筆者開發上都需要路由機制，所以這裡會選擇加入，各位讀者可依自己的需求決定。接著，Angular 會詢問專案要使用哪一種的樣式檔案格式。

```
⟩ ng new todo-app
? Would you like to add Angular routing? Yes
? Which stylesheet format would you like to use? (Use arrow keys)
⟩ CSS
  SCSS    [ https://sass-lang.com/documentation/syntax#scss              ]
  Sass    [ https://sass-lang.com/documentation/syntax#the-indented-syntax ]
  Less    [ http://lesscss.org                                           ]
```

圖 1-8 利用 CLI 建立專案（Angular 16 以前版本）

---

10 關於路由相關觀念會在第 9 章詳細說明

由於 Angular 17 預設以獨立元件（Standalone Component）[11] 來開發應用程式，因而在未指定參數時，Angular CLI 不再詢問是否加入路由設定，改變詢問是否套用伺服器渲染機制。

```
> ng new todo-app --standalone=false --routing
? Which stylesheet format would you like to use? (Use arrow keys)
> CSS
  SCSS    [ https://sass-lang.com/documentation/syntax#scss            ]
  Sass    [ https://sass-lang.com/documentation/syntax#the-indented-syntax ]
  Less    [ http://lesscss.org                                         ]
? Do you want to enable Server-Side Rendering (SSR) and Static Site Generation
  (SSG/Prerendering)? No
```

圖 1-9　利用 CLI 建立專案（Angular 17）

本書的範例會從使用 Angular 模組的開發方法，依序發展至改用獨立元件的方法進行開發。因此，如圖 1-9 所示，如果使用 Angular 17 建立專案，會指定 --standalone 為 false 來不使用獨立元件，並使用 --routing 參數來加入路由設定。

選擇完上面的問題後，Angular CLI 就會開始初始化 Angular 專案，新增組態與程式檔案，透過 NPM 安裝必要的套件，還會利用 Git 進行版本控制，並做第一次的提交。

> ⏱ **我要怎麼知道 Angular CLI 有什麼命令可以用？**
>
> 可以利用 `ng help` 來查詢 Angular CLI 提供所有命令；若要知道特定作業命令的使用方式，也可以利用 `ng [command name] --help` 進行查詢。

---

11 關於獨立元件相關觀念會在第 11 章詳細說明

在使用 `ng new` 命令時，還可以透過參數來設定專案的組態設定，或是建立專案時的作業事項。

- **--skip-git (-g) / --commit / --skip-install**

  用來指定在建立專案時，是否取消執行 Git 版本控制與提交以及套件的安裝。

- **--packageManager**

  用來指定如 yarn 等其他套件管理工具來安裝所需求的套件。

- **--defaults / --routing / --style**

  若在建立專案時，不想讓 Angular CLI 進行互動詢問，可以利用 --routing 與 --style 參數直接指定是否加入路由與樣式檔案格式。也可以指定參數 --defaults 來以預設值建立，此時 Angular 就不會加入路由機制，並以 CSS 為樣式檔案格式。

- **--create-application**

  當在建立專案時，Angular CLI 預設會建立網頁應用程式專案。利用此參數可以建立一個空的 Angular 工作空間，再依需求建立應用程式（application）或是函式庫（library）。

- **--standalone**

  設定整個應用程式是否基於獨立元件 API 進行開發，完全不使用 NgModule 的設定。

- **--dry-run**

  這個參數可以讓我們在執行 Angular CLI 命令時，並不會實際建立專案檔案，可以先確認執行的結果是否符合預期。

> ⏰ **有沒有比較快的方式可以直接寫 Angular 應用程式**
>
> 除了利用 Angular CLI 指令建立工作空間外，也可以使用 StackBlitz 服務 [11] 提供的程式編輯器開發 Angular 應用程式。雖然無法取代生產環境，但在初期要驗證想法的時候，就可以簡化很多專案設定的麻煩，還能直接看到執行結果，以及隨時利用網址將程式碼分享出去。本書後面的程式範例皆會提供 StackBlitz 連結。

1.2.4 啟動 Angular 應用程式

在建立完工作空間後，就可以在工作空間目錄路徑下，執行下面命令來啟動 Angular 應用程式。

```
$ ng serve --open
```

也可以利用 CLI 提供的縮寫來啟動。

```
$ ng serve -o
```

由於我們指定了 **--open** 參數，因此在程式編譯完後，瀏覽器會立即開啟網址 http://localhost:4200，顯示如圖 1-10 或圖 1-11 的畫面，那就代表 Angular 專案已完成建立了。

---

12 StackBlitz 網址：https://stackblitz.com/

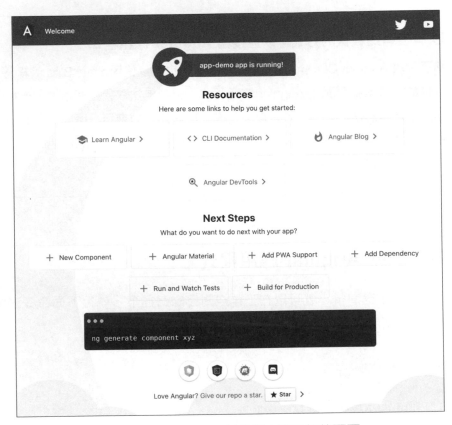

圖 1-10 Angular 16 以前版本預設初始頁面

圖 1-11 Angular 17 預設初始頁面

▶ 1.3 Angular 專案檔案結構

上一節我們利用 Angular CLI 建立 Angular 專案，這一節會針對整個專案的檔案結構進行說明。

本節目標

▶ 了解 Angular 專案檔案結構

1.3.1 開發相依套件檔案

在開發 Angular 應用程式時，我們會利用 NPM 管理所需要的前端套件，或發佈成套件給其他專案使用，這些資訊會記錄在根目錄下的 package.json 檔案內。當我們執行 `npm install` 命令時，就會依這個檔案的套件清單進行安裝，而套件檔案則會放在 node_modules 目錄下。

```json
{
  "name": "",
  "version": "",
  "scripts": { },
  "private": true,
  "dependencies": {},
  "devDependencies": {}
}
```

- **name / version**

  當我們需要將已開發的套件發佈到 NPM 伺服器時，會使用這兩個屬性來定義套件的範圍、名稱與版本，以提供 NPM 伺服器識別與查詢。

- **scripts**

  在開發應用程式的過程中，我們會有一些較常執行的命令，這些命令可以定義在 scripts 屬性中，就可以利用 `npm run` 命令來執行。例如，在這個屬性中的 `start` 命令對應了 `ng serve` 命令，因此我們也可以使用 `npm run start` 來啟動 Angular 應用程式。除此之外，此屬性還可以在特定工作事件時，如安裝套件前後、設定版本前後等，去執行我們所指定的命令。

■ **dependencies / devDependencies**

在開發過程中，我們利用 `npm install` 命令所安裝的套件都會記錄這兩個屬性中。dependencies 屬性是專案功能會使用到的套件，如專案上會使用 Angular Material 套件，就會在此加入 @angular/material。而 devDependencies 屬性則是記錄只用在開發上的套件，例如，karma 是開發中用來測試的環境，未來編譯時不會編譯進封裝檔內；順帶一提，我們會透過 `npm install --save-dev` 命令來安裝這類型的套件（也可以縮寫成 `npm install -D`）。

1.3.2 Angular 專案定義檔

根目錄下的 angular.json 檔案是用來設定整個 Angular 工作空間的組態配置。當我們執行 Angular CLI 命令來啟動、編譯、測試與程式碼風格檢查等作業時，都會依這個檔案的設定進行工作。

```json
{
  "$schema": "",
  "version": 1,
  "newProjectRoot": "projects",
  "projects": {
    "todo-app": { ... }
  }
}
```

- **$schema / version**

  這兩個屬性用來描述整個 angular.json 檔案所使用的配置定義與版本。

- **newProjectRoot**

  在 Angular 中，一個工作空間（Workspace）可以新增一至多個專案，而這個屬性就會描述新增的專案應放置的路徑。這個屬性預設值為 projects，表示新增的專案會放在根目錄的 projects 資料夾內。

- **projects**

  此屬性用來設定工作空間內每一個專案配置，其中包含了專案類型（projectType）、程式根目錄位置（sourceRoot）、前字元（prefix），以及執行 `ng serve` 等命令時所使用的組態設定（architect），此部份會在第 12 章詳細說明。

1.3.3 TypeScript 組態設定檔

Angular 官方建議使用 TypeScript 為主要開發語言，tsconfig.json 檔案就是用來設定 TypeScript 的配置，例如編譯的 ECMAScript 版本、是否產生 SourceMap 檔案等。

另外，在根目錄下的 tsconfig.app.json 是專門針對應用程式的 TypeScript 配置，而 tsconfig.spec.json 為針對測試檔案的配置。如果專案類型是函式庫（Library）時，則會有 tsconfig.lib.json 來對此類型專案進行設定。

1.3.4 Angular 應用程式檔案

當利用 `ng new` 命令建立 Angular 應用程式時，src 目錄是應用程式的根目錄，應用程式內的所有元件、圖案等檔案都會放在這個目錄裡面。

■ **index.html**

當使用者訪問應用程式時，所載入瀏覽的頁面會是 index.html。因
為 Angular 是開發單一頁面應用程式，所以這也是整個應用程式唯
一的頁面，其他頁面則會透過路由方式切換。

■ **main.ts**

Angular 應用程式在啟用時，首先會執行 main.ts 檔案。而在這個檔
案中定義應用程式第一個要執行的模組或元件。

```typescript
import { platformBrowserDynamic } from '@angular/platform-browser-
dynamic';

import { AppModule } from './app/app.module';

platformBrowserDynamic()
  .bootstrapModule(AppModule)
  .catch(err => console.error(err));
```

■ **app**

此資料夾用來放整個應用程式所使用到的模組或元件檔案。

■ **assets**

一般而言，應用程式的功能除了會與遠端服務溝通，還會使用到如
圖片與 JSON 檔等靜態檔案，這些檔案就會放在 assets 資料夾內。

1.3.5 環境設定檔

實務上，因應不同的開發階段，執行應用程式的環境常會分為開發環境
（Development Environment）、預備環境（Staging Environment）以及正式
環境（Production Environment）等，而有些應用程式所需要的資訊，會在
不同的環境中有不一樣的值。此時就會將這種設定加入到 environment 目
錄內，讓一個環境有一個對應的設定檔。例如，environment.prod.ts 檔案
代表正式環境的設定檔，當執行 `ng build --configuration production`
命令時，就會將此檔案的變數值取代 environment.ts 檔案內的變數值。在
Angular 15 之後，Angular CLI 的 `ng new` 命令不會產生環境變數檔案。我
們需要執行下面命令來建立。

```
$ ng generate environments
```

應用程式的收納盒 —
模組（Module）

▶ 2.1 模組的概述

在第一章我們透過 Angular CLI 所建立的 Angular 應用程式，在 main.ts 檔案中定義把 AppModule 作為啟動模組，這一節會介紹如何定義與使用 Angular 模組。

本節目標

▶ 什麼是 Angular 模組

▶ 如何建立 Angular 模組

▶ @NgModule 裝飾器的組態定義

2.1.1　什麼是 Angular 模組

實務上我們會依特定的規則，例如是否為相同應用領域，或是否為一連串的作業流程等，將各種封裝後的程式分類至不同的模組中。

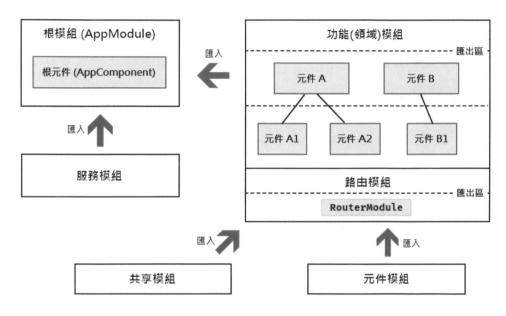

圖 2-1　Angular 模組示意圖

透過模組的匯入與匯出設定，以最小知識原則來公開最少但必要的內部元件供其他模組使用，並且只建立模組內有使用到的其他模組，讓我們更有效的控制模組之間的耦合度；進一步，利用提供者的設定來更靈活的替換元件或服務。

2.1.2 利用 Angular CLI 建立模組

除了 AppModule 外,我們可以利用 Angular CLI 來建立所需的模組,透過 Terminal 終端機,在工作目錄下執行下面命令:

```
$ ng generate module [模組名稱] [參數]
```

或是用縮寫的方式建立:

```
$ ng g m [模組名稱] [參數]
```

接著,就可以執行 Angular CLI 命令來針對之後實作的待辦事項建立功能模組。

```
> ng generate module task-feature --routing
CREATE src/app/task-feature/task-feature-routing.module.ts (254 bytes)
CREATE src/app/task-feature/task-feature.module.ts (301 bytes)
```

圖 2-2 利用 Angular CLI 建立 Angular 模組

從圖 2-2 的執行結果,可以看到 Angular CLI 在工作目錄中建立該模組名稱的資料夾,並在裡面建立 Angular 模組。若不希望模組多這一層目錄,可以在命令中加入 --flat 參數,讓 Angular CLI 直接在根目錄建立模組檔案。

由於之後開發上會需要針對此模組進行路由設定,因此會一併指定 --routing 參數,讓 CLI 建立模組的路由檔案[1]。

---

1 關於路由相關觀念會在第 9 章詳細說明

2.1.3 @NgModule 裝飾器的定義

```
TypeScript                                              app.module.ts
1    @NgModule({
2      imports: [ BrowserModule ],
3      declarations: [],
4      exports: [],
5      providers: [],
6      bootstrap: [AppComponent],
7    })
8    export class AppModule {}
```

開啟 app.module.ts 檔案，可以看到 Angular 利用 @NgModule 裝飾器來定義模組所包含的元件資訊，這個裝飾器的屬性包含了：

- **imports**

  當我們將 Angular 應用程式模組化後，在模組需要使用到其他模組時，就需要把該模組設定到 imports 屬性陣列。例如，我們需要匯入的 HttpClientModule 模組才能使用 Ajax 相關的服務；若要開發表單相關的元件功能，則需要匯入 FormsModule 模組。

- **declarations**

  在 Angular 應用程式中，無論我們開發元件、指令或管道等，都需要宣告在特定且唯一的模組內，否則即使是相同模組，也會無法在其他元件內使用。而這個屬性就是用來定義該模組內擁有的元件清單。

- **exports**

  用來定義模組內元件，哪裡是可以對外公開給其他模組使用。另外，這個屬性也可以指定其他模組，代表任何匯入該模組時，也可以使用此屬性指定模組內的公開元件。

- **providers**

  這個屬性定義了模組內各種令牌所使用的提供者清單，以便可以替換掉注入至元件的服務實體。

- **bootstrap**

  這個屬性只能在根模組內設定，用來定義 Angular 應用程式的根元件，這個根元件會在 Angular 應用程式啟動後替換掉 index.html 檔案內的 `<app-root>` 標籤。

▶ 2.2 Angular 內建模組

第一章有提到 Angular 針對網頁應用程式的表單、Ajax 或路由等功能都有完整的支援，這一節會介紹常用的 Angular 內建模組。

本節目標

▶ 了解 Angular 內建模組

2.2.1 BrowserModule 與 CommonModule

在待辦事項專案的 AppModule 與 TaskModule 模組中，分別會匯入 BrowserModule 與 CommonModule 兩個內建模組。CommonModule 模組內包含了如用來控制頁面顯示結果的 NgIf 與 NgFor 等指令，若在功能模組中需要使用到這些通用指令時，就要匯入這個模組。

而 BrowserModule 模組提供了啟動與執行瀏覽器應用時必須的服務；其中也包含了 CommonModule 模組的匯入與匯出，因此也提供了通用指令的功用。但這個模組的提供者是針對整個應用程式的處理，所以我們只能在根模組中使用它，如果在功能模組中使用，就會拋出圖 2-3 的例外，要求改用 CommonModule 模組。

```
⊗ ▶ ERROR Error: Uncaught (in promise): Error: BrowserModule has  core.js:6479
  already been loaded. If you need access to common directives such as NgIf
  and NgFor from a lazy loaded module, import CommonModule instead.
  Error: BrowserModule has already been loaded. If you need access to common
  directives such as NgIf and NgFor from a lazy loaded module, import
  CommonModule instead.
```

圖 2-3　在功能模組使用 BrowserModule 模組的例外訊息

2.2.2　HttpClientModule

當我們要讓 Angular 應用程式透過 Ajax 與遠端服務通訊，就會需要匯入 HttpClientModule 模組。需注意的是，此模組引用的位置是在 @angular/common/http。順帶一提，若要針對 HttpClient 實作進行測試，則會在測試檔案中匯入 HttpClientTestingModule 模組。

2.2.3 FormModule 與 ReactiveFormsModule

Angular 提供了範本驅動表單（Template-Driven Form）與響應式表單（Reactive Form）兩種開發表單的方式，而在開發前就需要先匯入 FormModule 與 ReactiveFormsModule 模組。

2.2.4 RouterModule

此模組內含了 Router 服務與 RouterOutlet 等元件，從先前所建立的路由檔案中，可以看到在匯入 RouterModule 模組時，分別呼叫了 forRoot() 與 forChild() 方法。這是因為 Angular 服務是採用獨體的設計模組，代表著特定的服務整個應用程式只會有一個實體。為了避免讓應用程式充斥著多個 Router 服務實作，讓根模組利用 forRoot() 方法來建立 Router 服務實體，其他的特性模組則會用 forChild() 方法來只匯入元件與指令，而不建立 Router 服務實體。

```typescript
@NgModule({
  imports: [RouterModule.forRoot(routes)],
  exports: [RouterModule]
})
export class AppRoutingModule { }
```

```
TypeScript                              task-feature-routing.module.ts
1    @NgModule({
2      imports: [RouterModule.forChild(routes)],
3      exports: [RouterModule]
4    })
5    export class TaskFeatureRoutingModule { }
```

若要針對路由進行單元測試，則會在測試程式中匯入 RouterTestingModule
模組。

應用程式的基石 —
元件（Component）

▶ 3.1 元件的概述

在第一章提到的特性中，Angular 是以模組化的方式開發，我們會依不同的職責將程式進行隔離與封裝到各種元件內，再如同積木一般將各種元件堆疊成完整的應用程式，因此元件可以是整個應用程式最小的組成單位。本節主要會說明 Angular 應用程式中是如何去定義與使用 Angular 元件。

本節目標

▶ 什麼是 Angular 元件

▶ 如何建立 Angular 元件程式

▶ Angular 元件組態定義了什麼東西

3.1.1 什麼是 Angular 元件

在開發網頁應用程式時，主要會使用 HTML 定義檢視頁面的結構，再利用 CSS 來設計頁面所需要的呈現樣式，最後整個操作與商業邏輯則交由 JavaScript 或 TypeScript 負責。

然而，在大型應用程式中，為了提升程式的維護性，除了會將這三個部份拆分至不同檔案外，也會依應用程式裡不同的商業職責來切割成較小的程式組件。如此一來，可以在開發階段做到關注點分離，也讓程式組件可以一直被重覆地使用，進而使整個應用程式更容易地測試或是更換組件。基於這種設計原則與思維，我們可以利用 Angular 元件依職責封裝介面與邏輯，進一步透過組態的設定來決定元件在執行該如何運作。

⏰ 評量程式碼品質的原則

實務上為了開發出高內聚、低偶合的系統來提供其維護性，主要會遵循著 S.O.I.L.D 的五大原則。分別是：

- 單一職責原則（Single Responsibility Principle, SRP）
- 開放封閉原則（Open Closed Principle, OCP）
- 介面隔離原則（Interface Segregation Principles, ISP）
- 里氏替換原則（Liskov Substitution principle, LRP）
- 依賴反轉原則（Dependency Inversion Principle, DIP）

假設我們要利用 Angular 開發圖 3-1 的待辦事項頁面時，就可以拆成導覽列、待辦事項頁面以及頁尾等元件。進一步，在頁面元件內還可以把待辦事項清單封裝成一個元件，讓我們在開發「待辦事項清單元件」時，可以更容易著重在該元件的需求中。而且在應用程式的持續發展下，可能會發生大幅度的需求變更；例如，要將待辦事項從表格的顯示方式改變成卡片

清單的顯示，就可以建立新的「待辦事項卡片清單元件」來直接抽換掉「待辦事項表單元件」，降低對整個應用程式的影響。

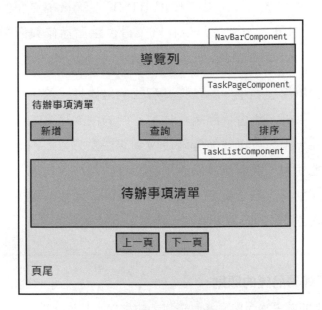

圖 3-1 待辦事項頁面結構示意圖

3.1.2 利用 Angular CLI 建立元件

如同建立專案與模組，我們利用 Angular CLI 來建立所需要的元件。直接透過 Terminal 終端機中，在工作目錄內執行下面命令：

```
$ ng generate component 元件名稱 [參數]
```

也可以利用縮寫來減少打錯字的狀況發生。

```
$ ng g c 元件名稱 [參數]
```

現在就透過 Angular CLI 來在待辦事項功能模組下建立待辦事項元件
（`TaskComponent`），執行結果會顯示圖 3-2 的畫面：

```
> ng generate component task-feature/task --export
CREATE src/app/task-feature/task/task.component.css (0 bytes)
CREATE src/app/task-feature/task/task.component.html (19 bytes)
CREATE src/app/task-feature/task/task.component.spec.ts (587 bytes)
CREATE src/app/task-feature/task/task.component.ts (191 bytes)
UPDATE src/app/task-feature/task-feature.module.ts (413 bytes)
```

圖 3-2 利用 Angular CLI 建立 Angular 元件

從圖 3-2 的執行結果，可以看到 Angular CLI 會把元件拆分成負責定義檢
視頁面結構的 HTML 範本檔（task.component.html），設計檢視頁面樣式
的 CSS 樣式檔（task.component.css）以及包含整個元件操作與計算邏輯的
TypeScript 元件檔（task.component.ts）等三個檔案；然後在 **src/app** 內建
立該元件的資料夾，並把這三個檔案新增至該資料夾內。

⏰ 神祕的第四個檔案

在新增元件作業中，除了上述所提到的檔案外，還有一個副檔案為 `.spec.`
`ts`，用來描述單元測試上所需要的測試案例。若不需要測試，則可以在命
令中指定 `--skip-tests` 參數。

在 Angular 15 之前，Angular 元件都必須宣告在特定且唯一的模組
（Module）內，否則即使是在相同的模組下，也會無法在其他的元件內使用
如圖 3-3。因此在預設狀況下，Angular CLI 會從新增元件所在的目錄向上
層尋找最近的模組，並將這個元件加入該模組的 `declarations` 屬性內。例
如圖 3-2 所示，我們建立待辦事項元件時，一併指定要建立在 task-feature
資料夾下，而在此資料夾內有待辦事項功能模組，因此 Angular CLI 會把待
辦事項元件加入到這個模組的 `declarations` 屬性陣列內。

```
<app-task></app-task>       'app-task' is not a known element:↵1. If 'app-task' is
'app-task' is not a known element:
1. If 'app-task' is an Angular component, then verify that it is part of
this module.
2. If 'app-task' is a Web Component then add 'CUSTOM_ELEMENTS_SCHEMA' to the
'@NgModule.schemas' of this component to suppress this
message. ngtsc(-998001)
```

圖 3-3　未宣告所屬模組的元件被用使時例外錯誤

> ### ⏰ 利用 GUI 工具建立元件
>
> 如果不習慣利用終端機下指令的話，也可以在 VS Code 安裝 Angular
> Schematics 套件，透過 GUI 介面建立所需的元件。

Angular CLI 也有提供設定元件組態的參數，常用的包含：

- **--inline-template (-t) / --inline-style (-s)**

  在預設狀況下，Angular CLI 建立元件時會將頁面範本與樣式拆分
  至外部檔案；指定此參數可以讓頁面範本與樣式都放在元件檔內。
  `ng new` 命令也提供這兩個參數，讓整個專案都預設將頁面範本與樣
  式放在元件檔內。

```
❯ ng generate component task-feature/task --export -t -s
CREATE src/app/task-feature/task/task.component.spec.ts (587 bytes)
CREATE src/app/task-feature/task/task.component.ts (183 bytes)
UPDATE src/app/task-feature/task-feature.module.ts (400 bytes)
```

圖 3-4　建立包含頁面範本與樣式的元件程式檔

- **--prefix (-p)**

  Angular 元件會設定一個選擇器名稱，來決定要如何被其他元件使
  用。選擇器名稱的格式為「前字元 + 元件名稱」，這個參數就是用來

設定名稱的前字元。 `ng new` 命令也有提供這個參數，但需注意的是，當專案有設定 ESLint 的程式碼風格檢查時，若在專案與元件所使用的前字元不同，除非更改檢查規則，否則會出現警告訊息如圖 3-5。

圖 3-5　ESLint 檢查前字元不同例外錯誤

■ --skip-selector

在 Angular 應用程式中，除了利用選擇器來使用自訂的元件之外，也會遇到如動態載入或是路由載入等使用方式，此時就可以指定此參數來省略掉設定 @Component 裝飾器中的 selector 屬性。

■ --module (-m)

當專案裡有多個模組時，此參數可以用來明確指定要宣告在哪一個模組內。需要注意的是，在指定此參數的時候，如果元件名稱並沒有指定路徑的話，會導致模組與元件檔案兩者的位置不一致的情況發生（圖 3-6）。

圖 3-6　模組與元件檔案位置不同

■ **--export**

如上面所建立的待辦事項元件，因為此元件宣告在待辦事項功能模組，會需要提供給 AppModule 使用，此時可以利用這個參數，來加入所屬模組的 exports 屬性內，代表此元件公開給外部模組使用。

3.1.3 @Component 裝飾器的定義

Angular 利用定義在類別上的 @Component 裝飾器得知該元件在執行時期如何被實體化與被使用。從剛剛建立的 TaskComponent 的內容，可以看到 @Component 裝飾器設定三個屬性。

TypeScript	task.component.ts

```typescript
1   @Component({
2     selector: 'app-task',
3     templateUrl: './task.component.html',
4     styleUrl: './task.component.css',
5   })
6   export class TaskComponent {}
```

■ **selector**

為一字串，當我們想在元件範本內直接使用另一個元件時，就會使用此屬性所定義的標籤名稱；而該名稱會以「前字元 + 元件名稱」的格式被設定。

■ **templateUrl**

為一字串，用來定義檢視頁面的外部檔案路徑。如果頁面範本程式放在元件檔內時，如下面程式，會改用 template 屬性。

■ **styleUrl / styleUrls**

用來定義頁面樣式的外部檔案路徑清單，在 Angular 16 以前版本使用字串陣列的 styleUrls 屬性，Angular 17 新增了 styleUrl 屬性。如果讓頁面樣式程式放在元件檔內時則會改用 styles 屬性。

TypeScript	task.component.ts

```
1   @Component({
2     selector: 'app-task',
3     template: `<p>task works!</p>`,
4     styles: []
5   })
6   export class TaskComponent {}
```

依照上面的設定，只要在 AppModule 裡匯入待辦事項功能模組，我們就可以在 AppComponent 裡利用 selector 參數的設定，如下面程式來使用 TaskComponent。

TypeScript	app.module.ts

```
1   @NgModule({
2     imports: [BrowserModule, AppRoutingModule, TaskFeatureModule],
3     ...
4   })
5   export class AppModule {}
```

HTML	app.component.html

```
1   <app-task></app-task>
```

順帶一提，這種沒有內容元素的空元素（Void Element）類型，在 Angular 16 開始可以使用自閉標籤（Self-Closing Tag）的方式撰寫。

HTML	app.component.html

```
1    <app-task />
```

在 Terminal 終端機執行 `ng serve` 指令，就可以看到圖 3-7 的畫面。

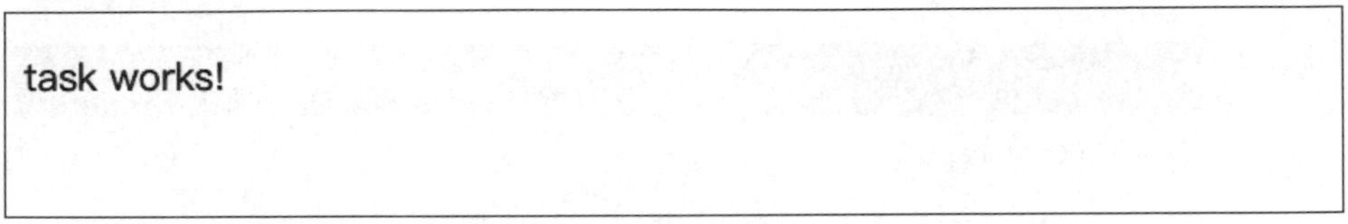

task works!

圖 3-7　使用 TaskComponent

▶ 3.2 單向繫結 （One-way binding）

在開發應用程式時，常會需要將資料顯示在頁面中，或是依資料狀態來控制頁面元素，或是使用者操作後更改資料。這一節會説明，當我們把元件程式拆分成頁面、樣式與邏輯三大部分時，在單一元件下要如何進行這三者之間的互動。

本節目標

▶ 如何讓元件的屬性資料顯示在頁面上或控制頁面顯示內容

▶ 如何讓使用者的動作呼叫元件方法

▶ 如何依元件屬性來控制頁面元素或樣式呈現

3.2.1 文字插值（Text interpolation）

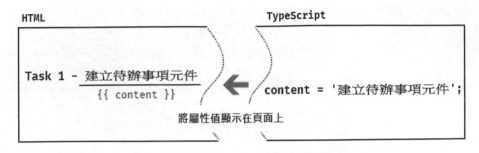

圖 3-8 利用文字插值顯示資料在頁面上

如圖 3-8 所示，文字插值（Text interpolation）可以用來將記錄在元件程式內的狀態資訊顯示在頁面上。我們可以在上一節所建立的 TaskComponent 元件頁面範本中，將元件程式的 content 屬性放置在 {{ }} 語法內，就可以將此屬性值繫結在頁面上。

TypeScript	task.component.ts

```
1    content = '建立待辦事項元件';
```

HTML	task.component.html

```
1    <div>Task 1 - {{ content }}</div>
```

執行結果就會如圖 3-9 所顯示。

將屬性值顯示在頁面上

Task 1 – 建立待辦事項元件

圖 3-9 文字插值範例程式執行結果

⏰ **可不可以不要用雙大括號表示文字插值**

可以，文字插值所使用的界符（delimiters）是可以設定 @Component 裝飾器的 interpolation 屬性來更改成所希望的界符。

除了指定元件屬性外，文字插值也可以指定所需要的計算邏輯。例如，我們希望在頁面上顯示剩下的待辦事項個數，就可以如下面程式，將計算的邏輯直接寫在 HTML 範本的文字插值語法內（第 3 行）。不過，實務上更常會將這種計算邏輯封裝起來，以便區隔檢視與商業邏輯的職責，讓我們可以更容易地使用單元測試來驗證程式的正確性。

TypeScript	task.component.ts

```typescript
1    totalCount = 10;
2    finishCount = 3;
```

HTML	task.component.html

```html
1    <div>待辦事項總數：{{ totalCount }}</div>
2    <div>已完成個數：{{ finishCount }}</div>
3    <div>剩下待辦事項個數：{{ totalCount - finishCount }}</div>
```

執行結果就會如圖 3-10 所顯示。

將計算結果顯示在頁面上

待辦事項總數：10
已完成個數：3
剩下待辦事項個數：7

圖 3-10　在文字插值使用邏輯計算範例程式執行程果

需要注意的是，在單向資料流的原則下，除了繫結的對象外，不應該去改變其他資料；其次，所需計算的作業應快速地被執行完成，才能維持整體檢視的穩定度以及保持較佳的使用者體驗。

範例 3-1 - 文字插值範例程式

https://stackblitz.com/edit/ng-book-v2-text-interpolation

圖 3-11

3.2.2 事件繫結（Event Binding）

如圖 3-12，應用程式也常需要依使用者的操作來執行所對應的作業（如計算邏輯、儲存至資料庫等），此時就會使用到事件繫結（Event Binding）。透過事件繫結的方式可以監控使用者動作，讓系統在觸發特者動作時，可以執行指定的元件方法。其語法如下所示，等號左邊是將目標事件放在小括號 () 內，右邊則是指定在事件觸發後要執行的方法。

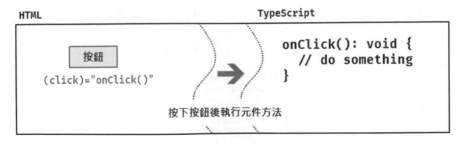

圖 3-12 利用事件繫結讓使用者觸發執行元件方法

HTML
1　　　`<any-tag (事件名稱)="方法()"></any-tag>`

因此我們可以利用事件繫結來實作這樣的需求：使用者透過頁面上設定按鈕，來控制待辦事項的完成狀態。

首先，在 TaskComponent 的元件程式內加入狀態屬性（第 1 行），這裡我們把它的預設值設定為未安排（None）。然後加入設定狀態值的方法（第 2 行），這個方法可以依傳入值設定待辦事項的狀態屬性。

```typescript
state: 'None' | 'Doing' | 'Finish' = 'None';
onSetState(state: 'None' | 'Doing' | 'Finish'): void {
  this.state = state;
}
```

接著，在 TaskComponent 的範本頁面上把 onSetState() 方法繫結到每種狀態設定按鈕的 click 事件上（第 3 - 5 行）；最後，可以在頁面中顯示待辦事項狀態（第 2 行），來觀察其值的變化。

```html
<div>Task 1 - {{ content }}</div>
<div>待辦事項狀態：{{ state }}</div>
<button type="button" (click)="onSetState('None')">未安排</button>
<button type="button" (click)="onSetState('Doing')">進行中</button>
<button type="button" (click)="onSetState('Finish')">已完成</button>
```

執行結果如圖 3-13 所示：

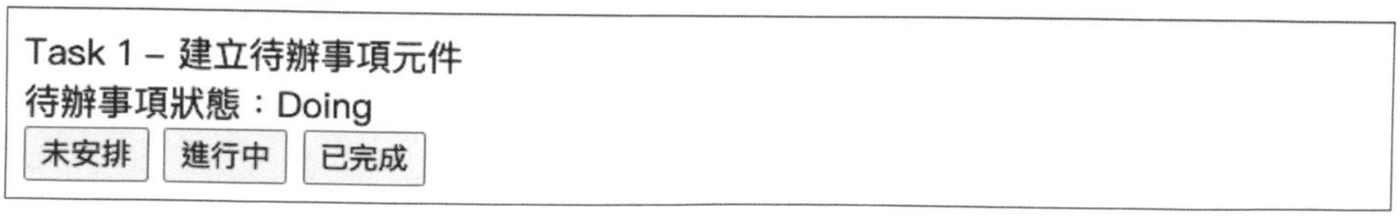

Task 1 – 建立待辦事項元件
待辦事項狀態：Doing
[未安排] [進行中] [已完成]

圖 3-13 利用按鈕變更待辦事項狀態範例程式執行結果

範例 3-2 - 事件繫結範例程式

https://stackblitz.com/edit/ng-book-v2-event-binding

圖 3-14

3.2.3 屬性繫結（Property / Attribute Binding）

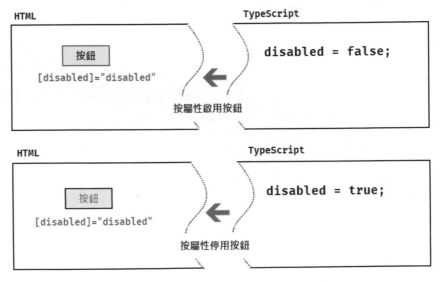

圖 3-15 利用屬性繫結控制頁面元素

元件屬性除了可以利用文字插值來顯示至頁面外，也可以如圖 3-15 利用屬性繫結（Property / Attribute Binding）的方式來控制頁面範本內的元素。

⏰ **Attribute vs. Property**

在網頁應用程式開發中，Attribute 與 Property 兩者在中文裡雖然都稱為屬性，但前者是屬 HTML 所定義的，後者則是文件物件模型（Document Object Model, DOM）的節點屬性；而且這兩者並非互相對應的，名稱也不一定會相同，因此在使用前建議先查詢 MDN 文件[1]。

延續上一小節的範例需求，現在希望使用者不可以點選目前狀態的設定按鈕。此時，就需要依照狀態屬性的值，將對應的按鈕停用。

```html
HTML                                               task.component.html
1   <button type="button"
2          [disabled]="state === 'None'"
3          (click)="onSetState('None')">
4      未安排
5   </button>
6   <button type="button"
7          [disabled]="state === 'Doing'"
8          (click)="onSetState('Doing')">
9      進行中
10  </button>
11  <button type="button"
12         [disabled]="state === 'Finish'"
13         (click)="onSetState('Finish')">
14     已完成
15  </button>
```

---

1 MDN 網站：https://developer.mozilla.org/zh-TW/

如上面範例程式，Property Binding 的語法是將 `disabled` 屬性放在中括號
（`[]`）內，然後在等號右邊指定所要繫結對象。

範例 3-3 - Property Binding 繫結範例程式
https://stackblitz.com/edit/ng-book-v2-property-binding

圖 3-16

若想要控制 HTML 按鈕標籤的 `disabled` 屬性時，就可以使用 Attribute
Binding 來實作。語法上與 Property Binding 不同的地方是，需要在目標
屬性前加上 `attr.`；其次，Attribute Binding 所設定的屬性值並不一定與
Property Binding 相同，如 `disabled` 標籤屬性是以 `null` 跟 `disabled` 為設定
值，因此最後程式要寫成：

```html
HTML                                        task.component.html
1    <button type="button"
2            [attr.disabled]="state === 'None' ? 'disabled' : null"
3            (click)="onSetState('None')">
4      未安排
5    </button>
6    ...
```

上面兩者的執行結果都會如圖 3-17 所顯示。

Task 1 – 建立待辦事項元件	Task 1 – 建立待辦事項元件	Task 1 – 建立待辦事項元件
待辦事項狀態：None	待辦事項狀態：Doing	待辦事項狀態：Finish
未安排　進行中　已完成	未安排　進行中　已完成	未安排　進行中　已完成

圖 3-17 依狀況停用對應按鈕範例程式執行結果

範例 3-4 - Attribute Binding 繫結範例程式
https://stackblitz.com/edit/ng-book-v2-attribute-binding

圖 3-18

雖然上面兩種方式都可以依屬性值控制頁面元素，不過由於 Property Binding 的語法較為簡單與直覺，且有較高的效能，因此在實務上會比較常被使用。

3.2.4 樣式繫結（Style Binding）

Angular 也提供樣式繫結（Style Binding）來把屬性資料繫結到 HTML 元素中 style 標籤屬性上，以控制頁面上的呈現樣式（如圖 3-19）。

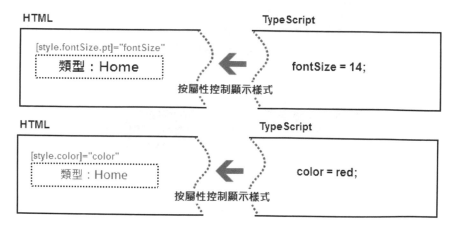

圖 3-19 利用樣式繫結控制頁面呈現樣式

因此，若我們希望在待辦事項中加入類型資訊，並且可以依情境的不同去調整此類型顯示的文字大小。就可以在 TaskComponent 的元件程式加入類型與文字大小的屬性，後者是用於在不同情境下進行控制的地方；最後在範本程式中把 fontSize 屬性繫結到 style.fontSize 內。

```
TypeScript                                          task.component.ts
1    type: 'Home' | 'Work' | 'Other' = 'Work';
2    fontSize = 14;
```

```
HTML                                                task.component.html
1    <div [style.fontSize]="fontSize + 'pt'">類型：{{ type }}</div>
2    <div>Task 1 - {{ content }}</div>
3    <div>待辦事項狀態：{{ state }}</div>
```

從上面程式可以看到，因為 fontSize 這個樣式屬性值是一個加上尺寸單位的字串，所以需要將繫結值進行加工，也因而降低了程式碼的可讀性。Angular 針對此種也提供了另一種語法，讓我們可以如下面程式，直接將數值繫結至樣式內。

```
HTML                                                task.component.html
1    <div [style.fontSize.pt]="fontSize">類型：{{ type }}</div>
```

利用 Chrome DevTools 檢視執行頁面，可以看出繫結的結果，是將文字尺寸屬性值設定在 <div> 標籤的 style 屬性上。

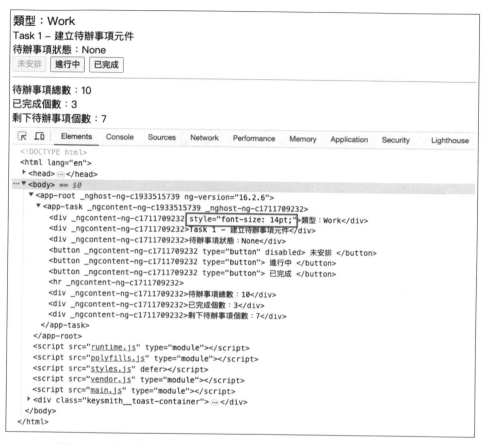

圖 3-20 依待辦事項狀態變更文字尺寸樣式範例程式執行結果

範例 3-5 - 單一樣式繫結範例程式

https://stackblitz.com/edit/ng-book-v2-single-style-binding

圖 3-21

樣式繫結也允許設定多個樣式屬性，例如，除了設定字型尺寸外，還希望
加入設定文字的顏色，那就可以寫成：

HTML	task.component.html

```
1    <div [style]="{ fontSize: fontSize + ' pt', color: color }">...</div>
```

也可以利用字串型別的方式進行繫結：

HTML	task.component.html

```
1    <div [style]="'fontSize: ' + fontSize + 'pt; color: ' + color">...</div>
```

圖 3-22 為程式的執行結果：

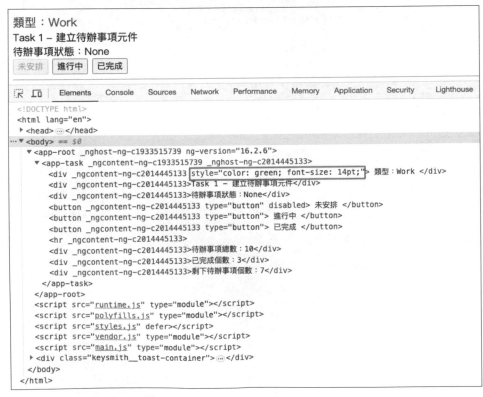

圖 3-22　繫結多個樣式範例程式執行結果

範例 3-6 - 多個樣式繫結範例程式
https://stackblitz.com/edit/ng-book-v2-mutli-style-binding

圖 3-23

3.2.5 類別繫結（Class Binding）

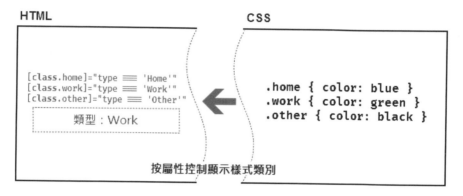

圖 3-24 利用類別繫結控制頁面呈現樣式

當頁面要呈現的樣式設定較複雜的時候，就會將樣式設定放在 CSS 檔案中。類別繫結（Class Binding）可以針對 HTML 元素中的 class 標籤屬性依資料狀態來決定使用的樣式類別。

現在我們將前一小節針對類型的樣式改由 CSS 中實作，分別在元件樣式檔內加入三種類型對應的 CSS 樣式。

```css
CSS                                         task.component.css
1    .home { color: blue; }
2    .work { color: green; }
3    .other { color: black; }
```

首先，在 TaskComponent 的元件程式內加入樣式名稱屬性，依類型設定套用的 CSS 樣式名稱。

TypeScript	task.component.ts

```
1    className = 'work';
```

如此一來，就可以直接把 className 屬性繫結到 class 屬性內：

HTML	task.component.html

```
1    <div [class]="className">類型：{{ type }}</div>
```

同樣地，利用 Chrome DevTools 檢視執行頁面，如圖 3-25，可以看出繫結的結果是設定 <div> 標籤的 class 屬性。

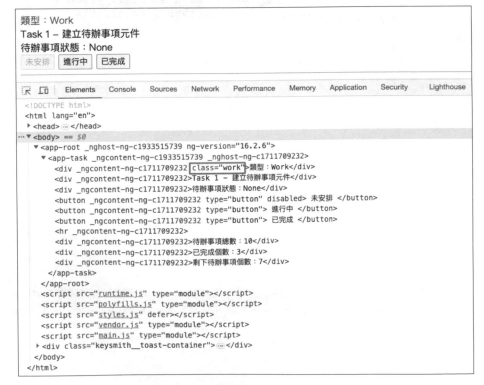

圖 3-25　類別繫結範例程式執行結果

範例 3-7 - 類別繫結範例程式

https://stackblitz.com/edit/ng-book-v2-class-binding

圖 3-26

類別繫結也可以利用 `[class.類別名稱]="布林值"` 來決定是否使用此樣式類別，因此上面範例程式也可以寫成：

```
HTML                                            task.component.html
1    <div
2      [class.home]="type === 'Home'"
3      [class.work]="type === 'Work'"
4      [class.other]="type === 'Other'"
5    >...</div>
```

或是繫結以樣式類別為主鍵，布林值為值的物件：

```
HTML                                            task.component.html
1    <div [class]="{ 'home': type === 'Home', 'work': type === 'Work', 'other':
     type === 'Other' }">...</div>
```

與樣式繫結相同，類別繫結也可以指定一以空格分隔的樣式類別字串，來繫結到多個樣式類別：

```
HTML                                            task.component.html
1    <div [class]="'work, other-class'">...</div>
```

或是指定一個樣式類別的陣列：

```
HTML                                               task.component.html

1      <div [class]="['work', 'other-class']">...</div>
```

範例 3-8 - 利用布林值設定類別繫結範例程式

https://stackblitz.com/edit/ng-book-v2-class-binding-boolean

圖 3-27

▶ 3.3 巢狀元件間的互動

上一節針對在單一元件下，頁面、邏輯與樣式三個部份之間的互動。然而，Angular 是透過堆疊元件的方式來建構應用程式；因此，常會在元件內使用另一個元件（圖 3-28），並且在元件間傳遞資料，或是在元件發生特定狀況下要去觸發上一層元件的程式。而本節會說明在這種的巢狀結構下，兩個元件之間要如何進行互動。

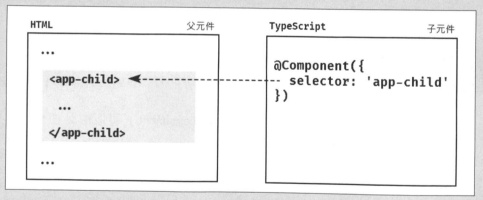

圖 3-28 巢狀元件結構

本節目標

▶ 如何在父子元件之間傳遞資料狀態

▶ 如何在父子元件間利用雙向繫結共享資料

3.3.1 利用 @Input 裝飾器接收父元件資料

為了讓元件可以較容易的被重覆使用，常會在元件內定義一個可以由外部指定值的屬性，來因應各種不同的需求狀況。

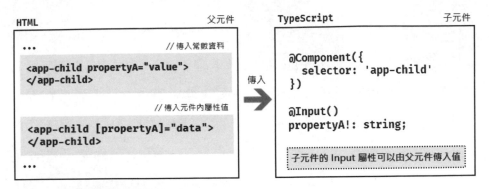

圖 3-29 利用 @Input 裝飾器定義輸入型屬性

如圖 3-29，在子元件中可以利用 @Input 裝飾器來定義元件屬性允許從父元件接收資料，而父元件也就可以直接針對該屬性進行設定。因為 @Input 裝飾器位於 @angular/core 模組內，所以在使用前記得需要先匯入（第 1 行）。

例如我們要將上一節的待辦事件元件（TaskComponent）可以由外部來設定工作內容（content）、類型（type）與狀態值（state），就可以在這三個屬性加上 @Input 裝飾器。

```typescript
import { Input } from '@angular/core';
export class TaskComponent {
  @Input() content!: string;
  @Input() type!: 'Home' | 'Work' | 'Other';
  @Input() state!: 'None' | 'Doing' | 'Finish';
}
```

如此一來，就可以在父元件（ `AppComponent` ）中直接利用屬性繫結的方式將
值傳入至子元件中。

HTML　　　　　　　　　　　　　　　　　　　　**app.component.html**

```
1    <app-task [content]="content" [type]="type" [state]="state"></app-task>
```

TypeScript　　　　　　　　　　　　　　　　　　**app.component.ts**

```
1    export class AppComponent {
2      content = '建立待辦事項元件';
3      type: 'Home' | 'Work' | 'Other' = 'Work';
4      state: 'None' | 'Doing' | 'Finish' = 'None';
5    }
```

⏱ **非空值斷言運算子（Non-null assertion operator）**

TypeScript 程式中，在 strict 模式下，宣告一個不允許 null 與 undefined
的變數時，若未指定初始值就會出現警告訊息。如果我們確定此變數一定
會有設定值的話，可以使用 `!` 這個運算子，來排除掉 null 與 undefined。

範例 3-9 - 自訂屬性範例程式

https://stackblitz.com/edit/ng-book-v2-input-property

圖 3-30

由於在頁面程式中所指定的屬性值都會是字串型別，如果屬性的型別是數值、布林或是物件時，父元件還是需要利用屬性繫結的方式，來傳入不需要變動的資料。例如，把待辦事項的編號由父元件傳入，就需要寫成：

```html
HTML                                              app.component.html
1    <app-task [id]="1" [content]="content" [type]="type" [state]="state"></app-task>
```

如果希望讓父元件可以如下面程式一樣，直接將值設定到屬性中，可以改用 getter 與 setter 存取屬性來處理與記錄所需的資料，讓屬性值的設計可以有更高的靈活度。

```html
HTML                                              app.component.html
1    <app-task id="1" [content]="content" [type]="type" [state]="state" />
```

因此在下面程式中，我們利用 setter 屬性來將傳入資料轉換成數值型別，再記錄一個私有屬性內。

```typescript
TypeScript                                        task.component.ts
1    private _id!: number;
2    @Input()
3    set id(id: string) {
4      this._id = +id;
5    }
6    get id(): string {
7      return this._id.toString();
8    }
```

範例 3-10 - setter / getter 屬性範例程式
https://stackblitz.com/edit/ng-book-v2-input-setter-property

圖 3-31

Angular 16.1 提供在 @Input 裝飾器內指定轉換函式，來針對這種輸入型屬性需要轉換成數值型別的需求。

```typescript
import { Component, Input, numberAttribute } from '@angular/core';
@Input({ transform: numberAttribute })
id!: number;
```

TypeScript — task.component.ts

如上面程式，透過 Angular 內建的 numberAttribute 轉換函式來轉換編號屬性。另外，若屬性型別是布林時，則可以使用 booleanAttribute 進行轉換。

順帶一提，Angular 16 也在 @Input 裝飾器內新增了 required 屬性，讓我們可以設定使用元件時哪些屬性一定要設定。

```typescript
@Input({ required: true, transform: numberAttribute })
id!: number;
```

TypeScript — task.component.ts

範例 3-11 - 必要與轉換數值輸入屬性範例程式
https://stackblitz.com/edit/ng-book-single-style-binding

圖 3-32

3.3.2 利用 @Attribute 裝飾器接收父元件資料

如果子元件所需要從外部設定的屬性值，是一個不會被改變的常數值時。可以利用 @Attribute 裝飾器來實作。

如下面程式，@Attribute 裝飾器只能在建構式中定義：

TypeScript	task.component.ts

```
1    constructor(@Attribute('id') public id: number) {}
```

也因為這個裝飾器所接收的是不會變更的常數值，所以不能使用任何的繫結方式指定此屬性。

HTML	app.component.html

```
1    <app-task id="1" [content]="content" [type]="type" [state]="state"></app-task>
```

範例 3-12 - @Attribute 裝飾器範例程式

https://stackblitz.com/edit/ng-book-v2-attribute-property

圖 3-33

3.3.3 利用 @Output 裝飾器通知父元件

除了由父元件將資料傳到子元件外，實務上子元件也需要把處理過的資料狀態向外部傳遞。此時，我們可以利用同樣在 @angular/core 模組內的 @Output 裝飾器在子元件建立一個自訂事件，來讓父元件透過該事件來接收從子元件傳出來的資料。

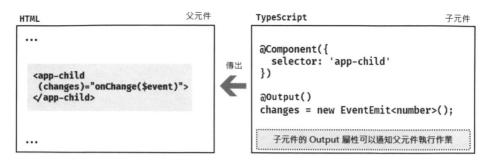

圖 3-34　利用 @Output 裝飾器定義輸出型屬性

延續上面的範例，我們可以在子元件中建立 EventEmitter 泛型型別的屬性
（第 1 行）。當變更待辦事項狀態時，利用該屬性的 emit() 方法（第 4 行），
把目前狀態值傳至父元件，讓父元件可以更新所記錄的狀態屬性值。

TypeScript	task.component.ts

```
1    @Output() stateChange = new EventEmmiter<'None' | 'Doing' | 'Finish'>();

2

3    onSetState(state: 'None' | 'Doing' | 'Finish'): void {

4      this.stateChange.emit(state);

5    }
```

HTML	app.component.html

```
1    <app-task id="1"

2            [content]="content"

3            [type]="type"

4            [state]="state"

5            (stateChange)="onSetState($event)">

6    </app-task>
```

在父元件裡就可以利用事件繫結來監控子元件是否有把資料傳出來。當子元件傳出資料時，透過 $event 參數來得到子元件所傳出的值，並執行所指定的元件方法。

範例 3-13 - 自訂事件範例程式

https://stackblitz.com/edit/ng-book-v2-output-event

圖 3-35

3.3.4 雙向繫結（Two-way Binding）

在前面兩個小節的範例中，我們在父元件（AppComponent）利用屬性繫結設定子元件（TaskComponent）的待辦事項狀態屬性值，然後再利用事件繫結來接收子元件傳出來的尺寸值。這種設定與接收同一屬性的情況，Angular 提供了雙向繫結（Two-way Binding）來簡化父元件內的程式。

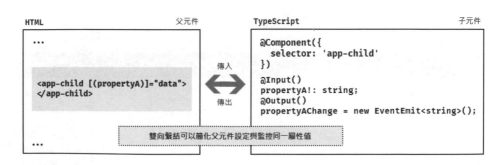

圖 3-36 利用雙向繫結（Two-way Binding）共享資料

如下面程式，當子元件定義一個輸入屬性，以及「該輸入屬性名 + Change」為名的輸出屬性，就可以在父元件利用雙向繫結來設定與監控此屬性。

TypeScript	task.component.ts

```
1    @Input()
2    state!: 'None' | 'Doing' | 'Finish';
3    @Output()
4    stateChange = new EventEmitter<'None' | 'Doing' | 'Finish'>();
```

雙向繫結的語法就是把屬性繫結跟事件繫結兩種單向繫結語法結合在一起。

HTML	

```
1    <any-tag [(屬性名)]="值"></any-tag>
```

因此，在使用待辦事項元件時，可以直接改用下面程式，來設定與監控狀態屬性。

HTML	app.component.html

```
1    <app-task id="1" [content]="content" [type]="type" [(state)]="state" />
```

> ⏰ **雙向繫結語法記憶方式**
>
> 在使用雙向繫結時，常會搞不清楚是內外的括號是中括號還是小括號，此時可以利用「盒子裡的香蕉」來幫助記憶。

範例 3-14 - 雙向繫結範例程式

https://stackblitz.com/edit/ng-book-v2-two-way-binding

圖 3-37

3.3.5 利用範本參考變數使用子元件屬性與方法

在先前章節的元件互動方式，是在子元件建立互動的屬性窗口，再讓父元件透過資料繫結去設定或接收屬性資料，此種做法的資料控制與範圍主要會在子元件中。如果希望在父元件直接去取得子元件的屬性或呼叫子元件的方法。就要使用到範本參考變數（Template Reference Variables）來實作。

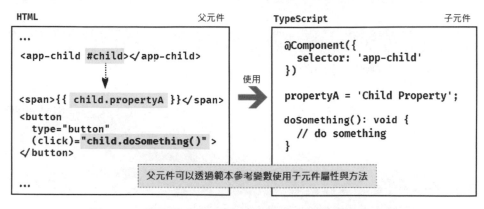

圖 3-38 利用範本參考變數使用子元件的屬性與方法

我們可以在頁面範本中，利用下面的語法，在 HTML 標籤或 Angular 元件建立範本變數，這個變數會參考到的 DOM 元素、Angular 元件或指令，我們就可以讓父元件在頁面範本中取得子元件的參數，進一步去使用子元件的屬性或方法。

```HTML
1    <div #var></div>
```

因此，在使用待辦事項元件時，可以在 <app-task> 內宣告變數，使此變數參考到 TaskComponent 元件實體。如此一來，就可以在父元件的頁面範本內，直接使用待辦事項元件內的屬性與方法。

HTML	app.component.html

```
1    <div>利用範本參考變數取得 TaskComponent 內狀態：{{ task.state }}</div>
2    <hr />
3    <app-task #task id="1" [content]="content" [type]="type" [(state)]="state" />
```

範例 3-15 - 範本參考變數範例程式

https://stackblitz.com/edit/ng-book-v2-template-reference-variable

圖 3-39

▶ 3.4 頁面範本的封裝

如先前章節提到的，在應用程式層級上，我們會依職責把程式碼封裝至元件內；而在元件層級中，也會為了重複使用而把特定的頁面程式給封裝起來。另外，實務上我們也會希望父元件除了傳入初始資料至子元件外，也可以由外部使用端來決定元件特定區塊所顯示的內容。這一節會說明如何利用 Angular 提供的 <ng-template> 與 <ng-content> 元件來實作這些需求。

本節目標

▶ 利用 <ng-template> 來封裝頁面範本

▶ 如何由父元件指定子元件顯示的內容

3.4.1 封裝頁面範本

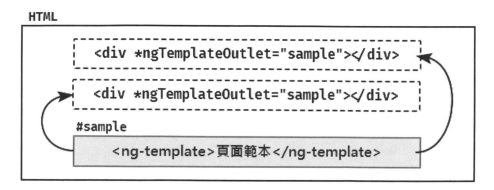

圖 3-40 封裝頁面範本

在撰寫程式的時候，當遇到一直被重覆使用的程式碼邏輯，常會建立一個方法來減少到處都是相同程式碼的狀況發生。而在頁面範本中，我們也可以利用 <ng-template> 來達到如同方法一般的效果。例如，我們希望將待辦事項元件的統計資訊移到父元件內，並顯示在每個待辦事項下方，就可以利用 <ng-template> 來實作。

HTML	app.component.html

```
1   <p>Before ng-template</p>
2   <ng-template>
3     <app-task id="1" [content]="content" [type]="type" [(state)]="state" />
4     <hr />
5     <div>待辦事項總數：{{ totalCount }}</div>
6     <div>已完成個數：{{ finishCount }}</div>
7     <div>剩下待辦事項個數：{{ totalCount - finishCount }}</div>
8   </ng-template>
9   <p>After ng-template</p>
```

如圖 3-41，放在 `<ng-template>` 內的頁面範本預設是不會被渲染的，因此我們必須利用 *ngTemplateOutlet 指定這個頁面範本應該顯示在哪個位置。

圖 3-41　渲染頁面結果範例程式執行

```
HTML                                                    app.component.html

1    <p>Before ng-template</p>

2    <div *ngTemplateOutlet="task"></div>

3    <p>After ng-template</p>

4

5    <ng-template #task>

6      <app-task id="1" [content]="content" [type]="type" [(state)]="state" />

7      <hr />

8      <div>待辦事項總數：{{ totalCount }}</div>

9      <div>已完成個數：{{ finishCount }}</div>

10     <div>剩下待辦事項個數：{{ totalCount - finishCount }}</div>

11   </ng-template>
```

在上面程式中，我們將要被封裝的頁面程式放在 `<ng-template>` 內，並指定範本變數 task 來參考此範本，接著就可以在希望顯示的地方，利用 Angular 提供的 `*ngTemplateOutlet` 指令來指定此區塊要呈現範本變數 task 的內容。最後就會如圖 3-42 顯示。

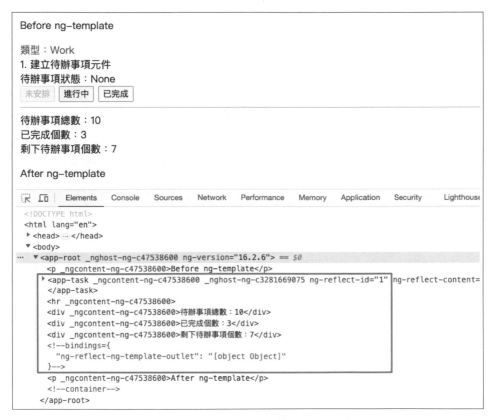

圖 3-42 *ngTemplateOutlet 範例程式執行結果

範例 3-16 - ng-template 範例程式

https://stackblitz.com/edit/ng-book-v2-ng-template

圖 3-43

如同方法一樣，我們也可以在 *ngTemplateOutlet 的 context 設定要傳入 <ng-template> 中的資料；接著在 <ng-template> 則利用 let-xxx="xxx" 的方式，將外部傳入的資料放在指定的範本變數內。

HTML	app.component.html

```html
1   <div *ngTemplateOutlet="task; context: { totalCount: 6, finishCount: 3 }">
    </div>
2   <br />
3   <div *ngTemplateOutlet="task; context: { totalCount: 2, finishCount: 1 }">
    </div>
4
5   <ng-template #task let-totalCount="totalCount" let-finishCount="finishCount">
6     <app-task id="1" [content]="content" [type]="type" [(state)]="state" />
7     <hr />
8     <div>待辦事項總數：{{ totalCount }}</div>
9     <div>已完成個數：{{ finishCount }}</div>
10    <div>剩下待辦事項個數：{{ totalCount - finishCount }}</div>
11  </ng-template>
```

最後就會顯示成：

類型：Work
1. 建立待辦事項元件
待辦事項狀態：None
未安排　進行中　已完成

待辦事項總數：6
已完成個數：3
剩下待辦事項個數：3

類型：Work
1. 建立待辦事項元件
待辦事項狀態：None
未安排　進行中　已完成

待辦事項總數：2
已完成個數：1
剩下待辦事項個數：1

圖 3-44　頁面範本參數傳遞範例程式執行結果

範例 3-17 - ng-template 傳遞參數範例程式

https://stackblitz.com/edit/ng-book-v2-ng-template-variable

圖 3-45

另外，我們也可以利用 `$implicit` 來設定 `<ng-template>` 預設要帶入的參數，因此若也要傳入待辦事項編號就可以寫成：

```html
app.component.html
1    <div *ngTemplateOutlet="task; context: { $implicit: 1, totalCount: 6,
     finishCount: 3 }"></div>
2    <br />
3    <div *ngTemplateOutlet="task; context: { $implicit: 2, totalCount: 2,
     finishCount: 1 }"></div>
```

```
4
5    <ng-template #task let-id let-totalCount="totalCount" let-finishCount="finishCount">
6      <app-task [id]="id" [content]="content" [type]="type" [(state)]="state" />
7      <hr />
8      <div>待辦事項總數：{{ totalCount }}</div>
9      <div>已完成個數：{{ finishCount }}</div>
10     <div>剩下待辦事項個數：{{ totalCount - finishCount }}</div>
11   </ng-template>
```

從上面程式中，我們利用 context 內指定的 $implicit 屬性來傳入預設資料，在 <ng-template> 中就可以直接利用 let-xxx 來接收，省略了樣本變數來源的設定。

範例 3-18 - ng-template 預設屬性範例程式
https://stackblitz.com/edit/ng-book-v2-ng-template-implicit

圖 3-46

3.4.2 動態內容投影

透過 Angular 內建的 <ng-content>，可以建構出如同 HTML 的 <p>、<div>、<span> 等標籤，由外部使用時決定元件頁面所以顯示的內容。因此我們可以利用 <ng-content> 來實作一個頁面容器元件（PageContainerComponent），讓使用這個元件來指定標題、副標題、頁面內容以及所需按鈕等三個頁面區塊，而讓此元件只負責定義這四個區塊的顯示樣式。

> ### ◉⃗ 實作前置作業
>
> 因頁面容器元件為共用的元件類型，因此會將此元件建立在 UtilsModule
> 模組中。

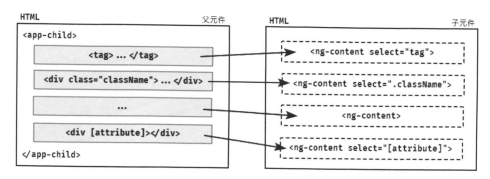

圖 3-47　動態內容投影

首先，在 PageContainerComponent 的頁面範本使用 `<ng-content>` 來預留空間：

```
HTML                                              page-container.component.html
1    <div>Page Container Component Start</div>
2    <ng-content></ng-content>
3    <div>Page Container Component End</div>
```

接著就可以在使用此元件時，才決定 `<ng-content>` 預留空間的頁面內容：

```
HTML                                                        app.component.html
1    <app-page-container>
2      <app-task id="1" [content]="content" [type]="type" [(state)]="state" />
3      <hr />
```

```
4      <div>待辦事項總數：{{ totalCount }}</div>
5      <div>已完成個數：{{ finishCount }}</div>
6      <div>剩下待辦事項個數：{{ totalCount - finishCount }}</div>
7    </app-page-container>
```

圖 3-48 程式的執行結果：

Page Container Component Start
類型：Work
1. 建立待辦事項元件
待辦事項狀態：None
未安排　進行中　已完成
─────────────────────────
待辦事項總數：10
已完成個數：3
剩下待辦事項個數：7
Page Container Component End

圖 3-48　動態內容投影範例程式執行結果

範例 3-19 - ng-content 範例程式

https://stackblitz.com/edit/ng-book-v2-ng-content

圖 3-49

除此之外，`<ng-content>` 也提供 select 屬性，讓元件內可以預留多個空間，並依照此屬性來決定所要使用的頁面對象。select 屬性則是透過選擇器指定的方式，來決定是要使用到特定的標籤、樣式類別或屬性名稱。

對象	定義方式	範例
標籤（Tag）	select = " 標籤名 "	select="h2"
樣式類別（Class）	select = ". 類別名稱 "	select=".className"
屬性（Attribute）	select = "[屬性名稱]"	select="[attrName]"

所以我們可以在頁面容器元件的頁面範本中，依上述四個區塊定義各自的 <ng-content> 位置，並指定所使用的選擇器對象。

```html
1    <div class="title">
2      <ng-content select="h3"></ng-content>
3    </div>
4    <div>
5      <ng-content select="[page-button]"></ng-content>
6    </div>
7    <div class="content">
8      <ng-content></ng-content>
9    </div>
10   <div class="footer">
11     <ng-content select=".footer"></ng-content>
12   </div>
```

HTML — *page-container.component.html*

在使用頁面容器元件時，就會依照該元件的定義，將標題放置在 <h3> 標籤內，而按鈕區塊會套用有設定 page-button 屬性的對象，頁尾資訊則會放在有定義 footer 樣式的標籤內。由於頁面內容並未指定選擇器對象，因此在整個 <app-form-container> 標籤內，排除掉標題、按鈕、頁尾等三個設定區塊的內容，都是頁面內容的使用範圍。執行的結果如圖 3-50，這個範例程式的相關樣式設定可以直接至 Stackblitz 取得。

```
HTML                                                    app.component.html
1    <app-page-container>
2      <h3>待辦事項清單</h3>
3      <div page-button>
4        <button>新增</button>
5        <button>查詢</button>
6      </div>
7      <app-task id="1" [content]="content" [type]="type" [(state)]="state" />
8      <div class="footer">
9        <div>待辦事項總數：{{ totalCount }}</div>
10       <div>已完成個數：{{ finishCount }}</div>
11       <div>剩下待辦事項個數：{{ totalCount - finishCount }}</div>
12     </div>
13   </app-page-container>
```

待辦事項清單

[新增] [查詢]

類型：Work
1. 建立待辦事項元件
待辦事項狀態：None
[未安排] [進行中] [已完成]

待辦事項總數：10
已完成個數：3
剩下待辦事項個數：7

圖 3-50 頁面容器元件範例程式執行結果

範例 3-20 - 頁面容器元件範例程式

https://stackblitz.com/edit/ng-book-v2-page-container

圖 3-51

▶ 3.5 生命週期

Angular 應用程式在運行時，每個元件從實體化到渲染頁面，最後在離開頁面時銷毀元件實體。本節會說明，Angular 在這整個生命週期（Lifecycle）提供的鉤子方法（hook method）有哪些，以及其用途為何。

本節目標

▶ 認為 Angular 元件生命週期

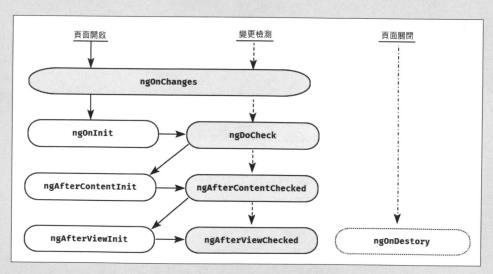

圖 3-52 Angular 生命週期

3.5.1 輸入屬性值變更監控

在上一節中,我們在 TaskComponent 內定義了輸入屬性 content 與 sate,讓 AppComponent 可以去設定這個屬性值。在 Angular 應用程式的執行過程中,當 Angular 監控到元件內的輸入屬性值發生變化時,都會觸發 ngOnChanges 這個生命週期鉤子。

```TypeScript
1    ngOnChanges(changes: SimpleChanges) { }
```

如圖 3-53,ngOnChanges 鉤子方法觸發的時間點有兩個,第一次會在 ngOnInit 之前被呼叫;之後則是在元件輸入屬性值有發生變化的時候。這個方法被呼叫時,會傳入 SimpleChanges 物件參數,我們可以利用這個參數知道產生變化的屬性上一個與目前的屬性值,以及是否為首次變更等資訊。

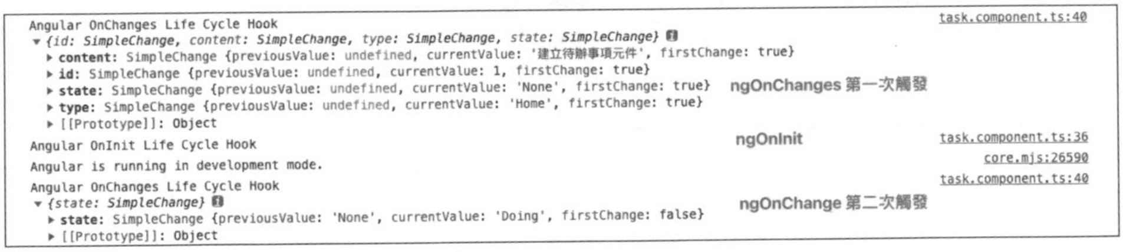

圖 3-53 ngOnChanges 範例程式執行結果

因此,我們可以利用 ngOnChanges 鉤子方法來處理從外部傳入的資料。例如,我們在待辦事項元件加入開始與完成日期屬性,當狀態設定為進行中(Doing)時會一併設定開始日期;同樣的,狀態為已完成(Finish)時則設定完成日期。

```
TypeScript                                              task.component.ts
1    export class TaskComponent implements OnChanges {
2      ngOnChanges(changes: SimpleChanges): void {
3        // 判斷 state 屬性是否發生變化
4        if (changes['state']) {
5          this.setTaskDate();
6        }
7      }
8    }
```

> ⏰ **使用生命週期鉤子方法介面**
>
> 每一個使用生命週期鉤子方法都在 @angular/core 函式庫裡有對應的介面，因而在使用時會讓元件類別去實作所需要的介面，來降低拼錯鉤子方法名稱的機會。

範例 3-21 - ngOnChanges 生命週期鉤子範例程式

https://stackblitz.com/edit/ng-book-v2-changes-life

圖 3-54

3.5.2 元件初始化作業

在首次 ngOnChanges() 鉤子方法呼叫後，接著會觸發 ngOnInit() 鉤子方法，此方法在整個生命週期中只會被呼叫一次。

```
TypeScript
1    ngOnInit(): void { }
```

在元件類別中，雖然在建構式（construction）與 ngOnInit 鉤子方法都可以做元件初始化作業；不過實務上習慣讓元件屬性值的初始化作業在 ngOnInit 鉤子方法中進行，而讓元件類別的建構式負責注入服務的工作。如此一來，當元件需要從後端程式取得被初始時，可以不用在元件被實體化時就呼叫後端程式。另外，透過資料繫結所設定的元件輸入屬性，只會在建構式之後的 ngOnChanges 鉤子方法進行處理。因此，如果我們需要利用這些輸入屬性來初始化元件，就必須在 ngOnInit 方法進行。

3.5.3 自訂變更檢測

在說明 ngDoCheck 鉤子方法之前，我們先建立待辦事項的類別，並修改待辦事項元件（TaskComponent）只會從外部接收待辦事項（Task）的物件。

```
TypeScript                                          task.component.ts
1    import { Task } from '../model/task';

2

3    export class TaskComponent implements OnChanges {

4      @Input({ required: true })

5      task!: Task;

6    }
```

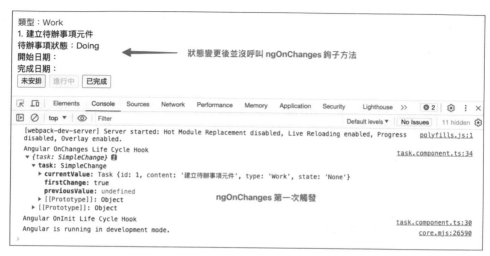

圖 3-55　物件型別屬性值變更範例程式執行結果

從圖 3-55 可以發現到，當我們在 `AppComponent` 變更狀態值的時候，雖然頁面顯示上都有跟著變化，但在 `ngOnChanges` 鉤子方法裡卻沒有任何反應。這是因為 `task` 輸入屬性是記錄參考（refernece）位置的物件型別，所以當我們只有改變物件的屬性的值時，並不會改到待辦事項元件內所記錄的參考位置，因而不會觸發 `ngOnChanges` 鉤子方法，也導致了開始日期沒有被設定。

針對這種無法觸發 `ngOnChanges()` 鉤子方法的變更，可在 `ngDoCheck()` 鉤子方法中自行實作變更的檢查邏輯。這個方法會在 `ngOnInit()` 鉤子方法之後以及每次執行 `ngOnChanges()` 鉤子方法之後觸發。

TypeScript

```
1    ngDoCheck(): void { }
```

從圖 3-56 可以得知，每次的變更檢測週期都會觸發 `ngDoCheck()` 鉤子方法；在這麼高的呼叫頻率下，所實作的檢查邏輯必須非常輕量，否則會降低使用者的操作體驗。

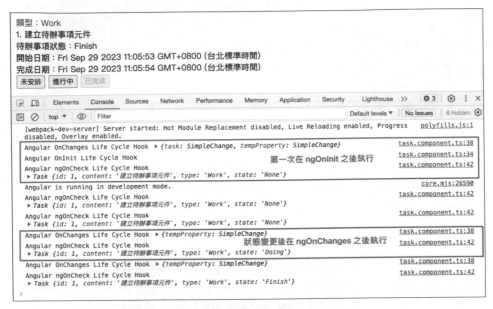

圖 3-56　ngDoCheck 範例程式執行結果

範例 3-22 - ngDoCheck 生命週期鉤子範例程式
https://stackblitz.com/edit/ng-book-v2-do-check-life

圖 3-57

3.5.4　動態內容投影的初始與變更檢測

在上一節裡，我們介紹了利用 `<ng-content>` 來接收外部所指定的 HTML 內容。如果這時候需要在使用 `<ng-content>` 的元件內，取得特定由外部傳入的的範本參考變數或子元件的實體時，可以利用 `@ContentChild` 裝飾器來完成。如先前的頁面容器範例中，就可以在 `PageContainerComponent` 內，利用是範本參考變數來取得外部傳入的標題元素：

```
TypeScript                                    page-container.component.ts
1    @ContentChild('title') titleElement!: ElementRef;
```

相對地，我們也要在使用上加入所需要的變數名稱：

```
HTML                                              app.component.html
1    <app-page-container>
2      <h3 #title>待辦事項清單</h3>
3    </app-page-container>
```

加入 @ContentChild 裝飾器的屬性，會在 ngAfterContentInit() 鉤子方法中依條件取元素實體；而此鉤子方法會在 ngDoCheck() 方法之後觸發，且只會被觸發一次。

```
TypeScript
1    ngAfterContentInit(): void { }
```

ngAfterContentInit() 方法之後會觸發 ngAfterContentChecked() 鉤子方法；此方法也會在變更檢測時，在 ngDoCheck() 方法之後被觸發。

```
TypeScript
1    ngAfterContentChecked(): void { }
```

```
[webpack-dev-server] Server started: Hot Module Replacement disabled, Live Reloading enabled, Progress disabled,    polyfills.js:1
Overlay enabled.
Angular OnInit Life Cycle Hook                                                                    page-container.component.ts:27
Angular ngOnCheck Life Cycle Hook                                                                 page-container.component.ts:31
Angular ngAfterContentInit Life Cycle Hook  ▼ ElementRef {nativeElement: h3} ⓘ                    page-container.component.ts:35
                                             ▶ nativeElement: h3
                                             ▶ [[Prototype]]: Object
  ▼ QueryList {_emitDistinctChangesOnly: true, dirty: false, _results: Array(2), _changesDetected: true, _changes: null, …} ⓘ
    dirty: false
  ▶ first: ElementRef {nativeElement: button}
  ▶ last: ElementRef {nativeElement: button}          頁面載入後依序觸發 ngAfterContentInit
    length: 2                                          與 ngAfterContentChecked
    _changes: null
    _changesDetected: true
    _emitDistinctChangesOnly: true
  ▶ _results: (2) [ElementRef, ElementRef]
    changes: (...)
  ▶ [[Prototype]]: Object
Angular ngAfterContentChecked Life Cycle Hook                                                     page-container.component.ts:43
Angular is running in development mode.                                                                       core.mjs:26590
Angular ngOnCheck Life Cycle Hook                     變更檢測後只觸發 ngAfterContentChecked       page-container.component.ts:31
Angular ngAfterContentChecked Life Cycle Hook                                                     page-container.component.ts:43
Angular ngOnCheck Life Cycle Hook                                                                 page-container.component.ts:31
Angular ngAfterContentChecked Life Cycle Hook                                                     page-container.component.ts:43
```

圖 3-58 動態內容投影生命週期

另外，若需要取得多個元件實體時，則會使用 @ContentChildren 裝飾器，它會得到一個包含全部實體的 QueryList 的泛型型別屬性。在使用這個裝飾器時，可以指定第二個選擇性參數內的 descendants 屬性為 true，來決定搜尋子元素以及其所有後代元素；反之，若指定為 false（預設值），則只會搜尋子元素的內容。

TypeScript	page-container.component.ts

```typescript
1    @ContentChildren('button', { descendants: true })
2    buttonElements!: QueryList<ElementRef>;
```

範例 3-23 - ngAfterContentInit 與 ngAfterContentChecked
生命週期鉤子範例程式
https://stackblitz.com/edit/ng-book-v2-content-life

圖 3-59

3.5.5 頁面檢視的初始與變更檢測

在先前章節中，我們有利用範本參考變數讓父元件可以讀取或呼叫子元件的屬性與方法；然而，此方法的限制是只能使用在父元件的頁面範本中。若希望在父元件的元件程式內使用子元件的屬性與方法，則需要利用 @ViewChild 裝飾器將子元件注入至父元件內。

我們可以在父元件內加入 @ViewChild 裝飾器的屬性，來取得頁面範本內 HTML 元素或是元件的實體。這個裝飾器的第一個參數，如下面程式，可以指定範本參考變數名稱：

TypeScript	app.component.ts

```
1    @ViewChild('task')
2    viewTask!: TaskComponent;
```

或是指定元件名稱：

TypeScript	app.component.ts

```
1    @ViewChild(TaskComponent)
2    viewTask!: TaskComponent;
```

另外，若我們希望取得到 HTML 元素實體時，則會指定為 ElementRef 型別。

TypeScript	app.component.ts

```
1    @ViewChild('title')
2    titleElement: ElementRef;
```

在預設的狀態下，加入 @ViewChild 裝飾器的屬性，當頁面載入時會在 ngAfterViewInit() 鉤子方法中依條件取元素實體；而此鉤子方法會在 onAfterContentChecked() 方法之後觸發，且只會被觸發一次。

TypeScript

```
1    ngAfterViewInit(): void { }
```

ngAfterViewInit() 方法之後則會觸發 ngAfterViewChecked() 鉤子方法；此方法也會在變更檢測時，在 ngAfterContentChecked() 方法之後被觸發。

TypeScript

```
1    ngAfterContentChecked(): void { }
```

我們可以指定第二個選擇性參數內的 **static** 屬性，通知 Angular 底層在 ngOnInit() 鉤子方法就取得所需的頁面元素實體。

TypeScript   **app.component.ts**

```
1    @ViewChild(TaskComponent, { static: true })
2    staticTask!: TaskComponent;
```

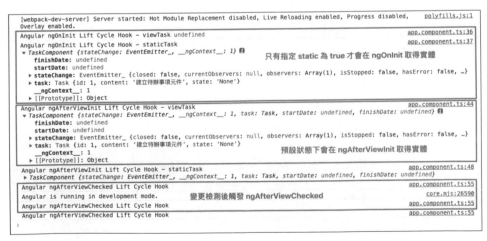

圖 3-60　頁面檢視生命週期範例程式執行結果

如同動態內容投影一樣，我們可以利用 @ViewChildren 裝飾器取得所有元素
實體清單，其型別會是 QueryList 的泛型型別。

範例 3-24 - @ViewChild 範例程式

https://stackblitz.com/edit/ng-book-v2-view-life

圖 3-61

3.5.6 元件實體銷毀

當使用者離開應用程式頁面時，Angular 會銷毀該頁面內的元件與指令實
體，而在銷毀之前會觸發 ngOnDestory() 鉤子方法。實務上會在此方法中釋
放不會自動被垃圾回收的資料，以避免記憶體洩漏的風險；這些資源大致
包含：

1. 針對 DOM 事件或可監控物件的訂閱取消。
2. interval 計時器的停止
3. 取消註冊此指令所註冊過的回呼（callback）方法

另外，也可以在此方法中，用來通知應用程式的其他區塊：此元件將消失；
讓其他元件進行相應的作業。

▶ 3.6 元件樣式

在 Angular 應用程式中，我們利用元件所封裝的不只有頁面範本與程式邏輯，也針對所使用的樣式封裝起來，不去影響整個應用程式的其他部份。本節就來說明元件在樣式封裝的相關處理。

本節目標

▶ 元件的檢視封裝模式設定

▶ 特殊的樣式選擇器

3.6.1 檢視封裝模式（View encapsulation model）

我們透過開發者工具的元素頁籤觀察 Angular 應用程式時，可以發現每一個頁面元素都會加上 _nghost 與 _ngcontent 開頭的屬性（圖 3-62），這是 Angular 預設的檢視封裝模式 – Emulated。

```
▼ <style>
    div[_ngcontent-qag-c17] {
      margin: 10px 20px;
      padding-left: 5px;
      border: solid 1px #aaa;
      text-align: center;
      line-height: 32pt;
    }
    /*#
    sourceMappingURL=data:application/json;base64,eyJ2ZXJzaW9uIjozLCJzb3VyY2Vz
    */
  </style>
</head>
·· ▼ <body> == $0
  ▼ <app-root _nghost-qag-c17 ng-version="12.1.5">
      <div _ngcontent-qag-c17>設定檢視封裝模型為 Emulated</div>
    </app-root>
    <script src="runtime.js" defer></script>
```

圖 3-62　預設檢視封裝模式範例程式執行結果

在這樣的模式中，Angular 會預先處理 CSS 程式碼來模擬 Shadow DOM 的行為，來將頁面樣式封裝進元件內，而不去影響到其他元件的樣式設定；不過全域性樣式還是會套用在這模式的元件中。

我們可以利用 @Component 裝飾器內的 encapsulation 屬性設定元件的檢視封裝模式，此屬性值設定的是 ViewEncapsulation 列舉的內容。除了 Emulated 之外，也可以設定成 None，讓 Angular 不針對頁面樣式進行封裝，而是將元件樣式放在全域性的樣式中（圖 3-63）。

```
    <meta name="viewport" content="width=device-width, initial-scale=1">
    <link rel="icon" type="image/x-icon" href="favicon.ico">
    <link rel="stylesheet" href="styles.css">
  ▼<style>
    div {
      margin: 10px 20px;
      padding-left: 5px;
      border: solid 1px #aaa;
      text-align: center;
      line-height: 32pt;
    }

    /*#
    sourceMappingURL=data:application/json;base64,eyJ2ZXJzaW9uIjozLCJzb3VyY2Vz
    */
  </style>
</head>
▼<body> == $0
  ▼<app-root ng-version="12.1.5">
    <div>設定檢視封裝模型為 None</div>
  </app-root>
```

圖 3-63 ViewEncapsulation.None 檢視封裝模式範例程式執行結果

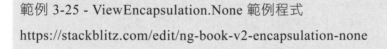

範例 3-25 - ViewEncapsulation.None 範例程式

https://stackblitz.com/edit/ng-book-v2-encapsulation-none

圖 3-64

如果將 ViewEncapsulation 設定為 ShadowDom，則會使用瀏覽器原生的 Shadow DOM 機制，在這種模式下，元件的檢視與樣式都會被放在一個 Shadow DOM 內，除了讓元件樣式不會影響到其他元件外，也讓全域性的樣式設定也無法影響此元件樣式（圖 3-65）。

```
▼<app-root ng-version="12.1.5">
  ▼#shadow-root (open) == $0
    ▼<style>
      div {
        margin: 10px 20px;
        padding-left: 5px;
        border: solid 1px #aaa;
        text-align: center;
        line-height: 32pt;
      }

      /*#
      sourceMappingURL=data:application/json;base64,eyJ2ZXJzaW9uIjozLCJzb3VyY
      */
    </style>
    <div>設定檢視封裝模型為 ShadowDom</div>
</app-root>
```

圖 3-65 ViewEncapsulation.ShadowDOM 檢視封裝模式範例程式執行結果

需要注意的是，由於這個選項使用的是瀏覽器原生的 Shadow DOM 功能，因此使用前建議先查詢各瀏覽器的支援程度[2]。

範例 3-26 - ViewEncapsulation.ShadowDom 範例程式
https://stackblitz.com/edit/ng-book-v2-encapsulation-shadow-dom

圖 3-66

另外，Angular CLI 在 `ng new` 與 `ng generate` 兩個命令中，也提供了參數 `--view-encapsulation`（縮寫 `-v`）來針對整個專案或單一元件設定樣式封裝模型，其設定值包含了 `Emulated`、`None` 與 `ShadowDom`。

---

2 瀏覽器支援 Shadow DOM 查詢：https://caniuse.com/shadowdomv1

3.6.2 特殊的選擇器

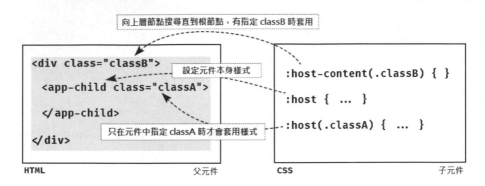

圖 3-67 Angular 提供的特殊選擇器

Angular 除了將元件樣式進行封裝外,也提供了可以用來設定元件樣式特殊的選擇器。

:host 選擇器可以針對該元件對象進行樣式的設定。因此我們可以在待辦事項元件的樣式中透過這個選擇器設定元件要呈現的樣式。

CSS	task.component.css

```css
1    :host {
2      display: block;
3      border: solid 1px black;
4      padding: 10px 15px;
5    }
```

```
▼<style>
  [_nghost-ng-c1362548923] {
    display: block;
    border: solid 1px black;
    padding: 10px 15px;
  }

  /*# sourceMappingURL=data:application/json;charset=utf-
  8;base64,eyJ2ZXJzaW9uIjozLCJzb3VyY2VzIjpbIndlYhY2Ly8uL3NyYy9hcHAvdGFzay90YXNrLmNvbXBvbmVu
  */
  </style>
▶<style id="_goober"> ··· </style>
  <style type="text/css">.___latex___1nfc2_1 ._latex_1nfc2_1 { font: inherit } </style>
</head>
···▼<body> == $0
  ▼<app-root _nghost-ng-c2823708761 ng-version="16.2.6">
    ▼<app-page-container _ngcontent-ng-c2823708761 _nghost-ng-c3179244896>
      ▶<div _ngcontent-ng-c3179244896 class="title"> ··· </div>
      ▶<div _ngcontent-ng-c3179244896 ···</div>
      ▼<div _ngcontent-ng-c3179244896 class="content">
        ▶<app-task _ngcontent-ng-c2823708761 _nghost-ng-c1362548923 ng-reflect-task="[object Objec
        </div>
      ▶<div _ngcontent-ng-c3179244896 class="footer"> ··· </div>
    </app-page-container>
  </app-root>
```

圖 3-68　設定 :host 選擇器樣式

在預設狀態下，Angular 元件會以行內元件（inline）的顯示模式。若要讓元件以區塊元素（block）顯示，就可以在 :host 選擇器內加入 display 設定；也可以在建立元件時，指定 --display-block 參數（縮寫為 -b）。

這個選擇器也可以用如同方法一樣，在括號內指定樣式選擇器名稱，且只有在使用上同時設定此樣式類別時才會套用到樣式設定。例如，我們希望在顯示多筆待辦事項清單時，可以依單偶數筆顯示不同的背景色，就可以在元件樣式內加入下面的設定：

CSS　　　　　　　　　　　　　　　　　　　　　　**task.component.css**

```css
:host(.odd) {
  background-color: #ccc;
}
```

在上面的樣式設定，代表只有如下面頁面程式，指定了 odd 樣式類別才會被
套用。

HTML	app.component.html
1	`<app-task`
2	`class="odd"`
3	`[task]="task"`
4	`(stateChange)="onSetState($event)"`
5	`></app-task>`

```
▼<style>
   [_nghost-ng-c1362548923] {
      display: block;
      border: solid 1px black;
      padding: 10px 15px;
   }
                       只有指定使用 odd 樣式才會套用
   .odd[_nghost-ng-c1362548923] {
      background-color: #ccc;
   }

   /*# sourceMappingURL=data:application/json;charset=utf-
   8;base64,eyJ2ZXJzaW9uIjozLCJzb3VyY2VzIjpbIndlbBhY2s6Ly8uL3NyYy9hcHAvGFzay90YXNrLmNvbXBvbmVu
   */
</style>
▶<style id="_goober">⊙</style>
 <style type="text/css">.___Latex___1nfc2_1 ._latex_1nfc2_1 { font: inherit } </style>
</head>
▼<body>
 ▼<app-root _nghost-ng-c3217257527 ng-version="16.2.6">
   ▼<app-page-container _ngcontent-ng-c3217257527 _nghost-ng-c3179244896>
     ▶<div _ngcontent-ng-c3179244896 class="title">⊙</div>
     ▶<div _ngcontent-ng-c3179244896>⊙</div>
     ▼<div _ngcontent-ng-c3179244896 class="content"> == $0
       ▶<app-task _ngcontent-ng-c3217257527 class="odd" _nghost-ng-c1362548923 ng-reflect-task="[
       ▶<app-task _ngcontent-ng-c3217257527 _nghost-ng-c1362548923 ng-reflect-task="[object Object
     </div>
     ▶<div _ngcontent-ng-c3179244896 class="footer">⊙</div>
   </app-page-container>
 </app-root>
```

圖 3-69 類似方法的使用 :host 選擇器

另外，:host-context() 選擇器與 :host() 選擇器類似，只有在使用上同時設定括號內的樣式類別才會被套用。不同的是，這個選擇器會一直向上層的頁面節點搜尋，直到整個頁面的根節點。例如，我們在待辦事項元件內加下面的樣式設定：

```css
:host-context(.small) {
    font-size: 10pt;
    width: 450px;
}
```
CSS · task.component.css

如圖 3-70，只有在使用待辦事項元件的上層節點有設定 small 樣式時才會被套用。

```html
<div class="small">
  <app-task [task]="task" (stateChange)="onSetState($event)"></app-task>
</div>
```
HTML · app.component.html

```
▼ <style>
    [_nghost-ng-c1362548923] {
      display: block;
      border: solid 1px black;
      padding: 10px 15px;               在上層元素有使用 small 時套用
    }

    .small[_nghost-ng-c1362548923], .small  [_nghost-ng-c1362548923] {
      font-size: 10pt;
      width: 450px;
    }

    /*# sourceMappingURL=data:application/json;charset=utf-
    8;base64,eyJ2ZXJzaW9uIjozLCJzb3VyY2VzIjpbIndlYnBhY2s6Ly8uL3NyYy9hcHAvdGFzay90XNrLmNvbBXBvbmVu
    */
  </style>
  ▶ <style id="_goober">…</style>
  ▶ <style type="text/css">…</style>
  </head>
··· ▼ <body> == $0
    ▼ <app-root _nghost-ng-c4081341272 ng-version="16.2.6">
      ▼ <app-page-container _ngcontent-ng-c4081341272 _nghost-ng-c3179244896>
        ▶ <div _ngcontent-ng-c3179244896 class="title">…</div>
        ▶ <div _ngcontent-ng-c3179244896>…</div>
        ▼ <div _ngcontent-ng-c3179244896 class="content">
          ▼ <div _ngcontent-ng-c4081341272 class="small">
            ▶ <app-task _ngcontent-ng-c4081341272 class="odd" _nghost-ng-c1362548923 ng-reflect-task='
            ▶ <app-task _ngcontent-ng-c4081341272 _nghost-ng-c1362548923 ng-reflect-task="[object Obje
            </div>
          </div>
        ▶ <div _ngcontent-ng-c3179244896 class="footer">…</div>
        </app-page-container>
      </app-root>
```

圖 3-70 定 :host-context 選擇器樣式

範例 3-27 - 特殊選擇器範例程式

https://stackblitz.com/edit/ng-book-v2-host-selector

圖 3-71

▶ 3.7 檢測變更（Change Detection）

Angular 透過檢測變更機制來進行應用程式資料與頁面顯示兩者間的同步作業。我們可以利用更改檢測變更策略來優化 Angular 應用程式的效能。這一節來說明是 Angular 變更檢查機制的各種策略。

本節目標

▶ 了解 Angular 檢測變更機制

3.7.1 Angular 的檢測變更策略

應用程式運作過程中，會在頁面事件的觸發、Ajax 的請求以及 setTimeout 或 setInterval 的執行等非同步作業而更改應用程式狀態。Angular 透過 zone.js 套件監控這些非同步作業，並在檢查到應用程式狀態發生變化時觸發檢測變更。

我們可以利用元件裝飾器內的 changeDetection 屬性設定 Angular 要如何檢查應用程式狀態的變更。在預設的狀況下，此屬性值為 Default，此時 Angular 會採用髒檢查（dirty check）的方法，儘可能的檢查所有屬性值是否有變更。

```TypeScript
1    @Component({
2      changeDetection: ChangeDetectionStrategy.Default,
3    })
```

當此屬性設定為 OnPush 時，則只會檢查輸入型屬性的值是否有被變更。如果檢查的屬性是物件，這時候也只有在變更物件的參考才會觸發檢測變更。

```TypeScript
1    @Component({
2      changeDetection: ChangeDetectionStrategy.OnPush,
3    })
```

3.7.2 檢測變更的運作

Angular 應用程式在啟動後會建立一個元件樹，並由上至下執行每一個元件內的檢測變更。如果整個應用程式中的元件都採用 Default 的檢測變更策略，當某一個子元件觸發檢測變更時，就會從根元件開始執行每一個元件的檢測變更作業。若在元件樹中有採用 OnPush 檢測變更的元件時，只有在這個元件的輸入型屬性有變更時，才會執行此元件與其後代採用 Default 策略的元件檢測變更。

例如，依照圖 3-72 所示意的元件樹，當左下角的 C 元件觸發檢測變更時，就會從 AppComponent 開始向下執行每個元件的檢測變更。因為 B 元件使用 OnPush 策略，所以只有在 text 這個輸入型屬性值有變更時，才會執行 B 元件以及其下 E 元件與 F 元件的檢測變更。

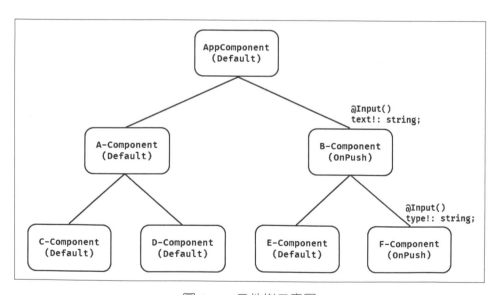

圖 3-72 元件樹示意圖

同樣地，如果是 B 元件觸發了檢測變更，會從 AppComponent 往下執行檢測變更到 E 元件；F 元件則會依輸入型屬性是否變更來決定要不要執行。反過來，如果是 F 元件觸發了檢測變更，其父元件（B 元件）會執行檢測變更。

3.7.3 手動觸發檢測變更

除了依照預設的檢測變更運作機制，Angular 也提供了 ChangeDetectorRef，讓我們可以操控每個元件檢測變更的時間點。

```typescript
constructor(private changeDetectorRef: ChangeDetectorRef) { }
```

我們可以使用 ChangeDetectorRef 內的 detectChanges() 方法手動地觸發目前元件與其下子元件的檢測變更。而 detach() 與 reattach() 兩個方法，可以手動把目前元件從檢測變更清單中移除或加入。當元件設定成 OnPush 檢測變更策略時，可以呼叫 markForCheck() 方法讓目前元件與其父元件表示需要執行檢測變更。

功能擴增的黑魔法 — 指令（Directive）

▶ 4.1 指令的概述

在 Angular 應用程式中，除了可以利用元件來封裝檢視的程式，也可以利用指令（Directive）的定義，讓 Angular 在渲染頁面時對 DOM 進行處理。這一節就針對 Angular 指令進行說明。

本節目標

▶ 什麼是 Angular 指令

▶ 如何用 Angular CLI 建立指令

▶ @Directive 裝飾器如何定義指令

4.1.1 什麼是 Angular 指令

Angular 指令主要用來擴增或改變特定頁面元素的功能。我們可以將指令放置在頁面範本的元素內，讓 Angular 在渲染頁面時，根據指令的邏輯來針對宿主元素進行處理。

在上一章所說明的 Angular 元件其實就是指令的一種類型，它在指令的基礎下，加入了頁面與樣式的處理。其次，是用來改變 DOM 元素外觀或行為的屬性型指令（Attribute Directive）。最後一個類型是結構型指令（Structural Directive），這種類型可以操作 DOM 樹，透過新增、移除或替換 DOM 元素來修改頁面結構。

4.1.2 利用 Angular CLI 建立指令

在 Terminal 終端機執行下面 Angular CLI 命令來建立指令。

```
$ ng generate directive 指令名稱 [參數]
```

由於指令主要負責針對 DOM 進行所需要的轉換，因此只會建立 TypeScript 檔案來處理轉換的邏輯。

```
> ng generate directive hello-world
CREATE src/app/hello-world.directive.spec.ts (241 bytes)
CREATE src/app/hello-world.directive.ts (149 bytes)
UPDATE src/app/app.module.ts (481 bytes)
```

圖 4-1 利用 Angular CLI 建立指令

4.1.3 @Directive 裝飾器的定義

開啟指令的 TypeScript 檔案可以看到，指令是透過 @Directive 裝飾器來定義。

```typescript
// TypeScript                                    hello-world.directive.ts
1  @Directive({
2    selector: "[appHelloWorld]"
3  })
4  export class HelloWorldDirective {}
```

其中的 selector 屬性設定將選擇器名稱放在 [] 之間，代表指令是以屬性方式使用：

```html
<!-- HTML                                            app.component.html -->
1  <div appHelloWorld></div>
```

另外，可以在選擇器名稱前加入 HTML 標籤名稱或 Angular 元件名稱，這樣就會將指令限制使用在指定的對象中。

```typescript
// TypeScript                                    hello-world.directive.ts
1  @Directive({
2    selector: "div[appHelloWorld], span[appHelloWorld]"
3  })
4  export class HelloWorldDirective {}
```

因此，如上面程式指定的方式，代表 HelloWorldDirective 只可以使用在 <div> 與 <span> 兩個標籤內。

順帶一提，在預設上元件與指令的選擇器命名規則是不同的，前者是單字與單字間使用連接符號的命名方式（kebeb-case）；而後者的命名方式則是使用小駝峰式（camelCase）。

▶ 4.2 Angular 內建指令

在 Angular 中已經內建了不同的指令，如在後面第七章會提到的 ngModel 是內建的屬性型指令，而 3.4.1 節中所提到的 *ngTemplateOutlet 就是一個結構型指令，在這一節就來說明一些 Angular 內建常用的指令。不過，在開始之前提醒一下，使用這些內建指令前都要先引用 CommonModule 模組。

本節目標

▶ 使用 ngStyle 與 ngClass 進行多個樣式或類別的新增與刪除

▶ 頁面顯示清單資料

▶ 頁面依條件顯示或隱藏特定內容

4.2.1 樣式與類別內建指令 - ngStyle / ngClass

當我們要在頁面範本中，控制頁面元素是否使用單一的樣式或類別時，
Angular 官方建議使用在前一個章節提到的樣式與類別繫結進行設定。在針
對多個樣式或類別的新增與刪除上，Angular 也提供了 ngStyle 與 ngClass
兩個屬性型指令。如果我們希望當待辦事項為重要時以粗體呈現時，就可
以透過 NgClass 指令進行設定。

HTML	task.component.html

```
1    <span [ngClass]="task.important ? 'important' : ''">{{ task.id }}.
     {{ task.content }}</span>
```

NgClass 指令也可以指定以樣式類別為主鍵，布林值為值的物件。例如，我
們還希望當待辦事項為緊急事項則以紅字顯示，就可以在元件檔案內新增
一個類別物件。

TypeScript	task.component.ts

```
1    export class TaskComponent implements OnInit, DoCheck {
2      contentClass!: { [key: string]: boolean };
3
4      ngOnInit(): void {
5        this.contentClass = {
6          important: this.task.important,
7          urgent: this.task.urgent,
8        };
9      }
10   }
```

接著，在頁面範本中把 contentClass 屬性繫結到 ngClass 指令內，結果就可
以如圖 4-2 所顯示。

```html
HTML                                              task.component.html
1     <span [ngClass]="contentClass">{{ task.id }}. {{ task.content }}</span>
```

待辦事項清單

新增 查詢

1. 建立待辦事項元件 Work – 開始日期：/ 完成日期： None
未安排 進行中 已完成

2. 購買 iPhone 手機 – 30000元 Other – 開始日期：/ 完成日期： None
未安排 進行中 已完成

3. 家庭聚餐 Home – 開始日期：/ 完成日期： None
未安排 進行中 已完成

待辦事項總數：10
已完成個數：3
剩下待辦事項個數：7

圖 4-2 利用 ngClass 設定重要與緊張待辦事項

同樣的也可以利用 **ngStyle** 來實作上面的範例：

```typescript
TypeScript                                        task.component.ts
1     this.contentStyle = {
2       'font-weight': this.task.important ? 'bolder' : 'normal',
3       'color': this.task.urgent ? 'red' : 'black',
4     };
```

範例 4-1 - ngClass 指令範例程式

https://stackblitz.com/edit/ng-book-v2-ngclass-directive

圖 4-3

4.2.2 清單列表 – *ngFor

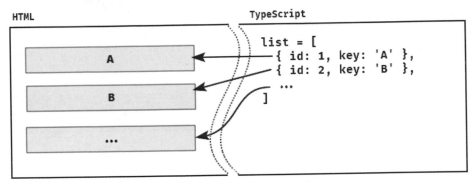

圖 4-4 依陣列資料顯示清單至頁面上

利用 *ngFor 指令可以讓我們依陣列資料與樣版範本，在頁面中重複渲染成資料清單。例如，我們可以把原本放在 AppComponent 內的三個待辦事項屬性變更成清單屬性，就可以利用 *ngFor 指令以 TaskComponent 為樣版來渲染清單。

TypeScript   **app.component.ts**

```
1    tasks = [
2      new Task({ id: 1, content: '建立待辦事項元件', ...}),
3      new Task({ id: 2, content: '購買 iPhone 手機 - 30000元', ...}),
4      new Task({ id: 3, content: '家庭聚餐', ... }),
5    ];
```

HTML   **app.component.html**

```
1    <app-task
2      *ngFor="let task of tasks"
3      [task]="task"
4      (stateChange)="onSetState(task, $event)"
5    ></app-task>
```

在上面程式中，*ngFor 指令所設定的值，是 Angular 微語法的字串。透過 let 關鍵字宣告了 task 的範本變數，並傳入 TaskComponent 內。最後結果就會顯示成：

圖 4-5 *ngFor 範例程式執行結果

順帶一提，Angular 的結構型指令都會以星號（*）為首，這是 Angular 所提供的語法糖。Angular 會將 *ngFor 指令轉換成 <ng-template>，並將宿主元素放置其內。因此上面範例程式會換成：

```HTML
1    <ng-template ngFor let-task [ngForOf]="tasks">
2      <app-task [task]="task"></app-task>
3    </ng-template>
```

*ngFor 指令也提供的 index、first、last、odd 與 even 等區域變數。我們可以利用 let 關鍵字來宣告與設定變數，以取得項目索引值、是否為第一筆或最後一筆以及是否為奇偶數等資訊。

下面範例就利用 index 變數，讓清單中奇偶項目顯示不同的樣式設定。

```
HTML                                          app.component.html
1    <app-task
2      *ngFor="let task of tasks; let i = index"
3      [class.odd]="i % 2 === 1"
4      [task]="task"
5      (stateChange)="onSetState(task, $event)"
6    ></app-task>
```

我們也可以利用 odd 變數來實作相同的需求：

```
HTML                                          app.component.html
1    <app-task
2      *ngFor="let task of tasks; let odd = odd"
3      [class.odd]="odd"
4      [task]="task"
5      (stateChange)="onSetState(task, $event)"
6    ></app-task>
```

如此一來，資料清單就會顯示為：

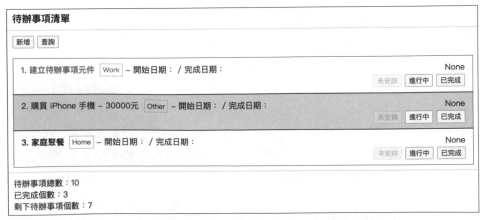

圖 4-6　*ngFor 設定奇偶行不同樣式設定範例程式執行結果

範例 4-2 - *ngFor 指令範例程式

https://stackblitz.com/edit/ng-book-v2-ngfor-directive

圖 4-7

在上面的範例裡，當 *ngFor 資料來源被重設時，整個頁面上的 DOM 會被重新渲染。然而在網頁應用程式中，渲染頁面上的 DOM 會需要花費較大的成本，因此實務上會儘可能減少新增或移除 DOM 元素。

在 *ngFor 的微語法字串中，我們可以設定 trackBy 來追蹤巡覽的項目，來讓 Angular 可以只重新渲染已更改的項目。因此，在上面範例程式中，我們可以讓 *ngFor 依待辦事項編號來決定是否要渲染 DOM 元素。

首先，在元件程式內加入 trackById 方法。為了模擬更新資料來源的情況，也新增了資料重設的 onReset 方法。

```typescript
trackById(index: number, task: Task): string {
  return task.id;
}


onReset(): void {
  this.tasks = [
    new Task({ id: 1, content: '建立待辦事項元件', ...}),
    new Task({ id: 2, content: '購買 iPhone 手機 - 30000元', ...}),
    new Task({ id: 4, content: '待辦事項 4', ... }),
    new Task({ id: 5, content: '待辦事項 5', ... }),
  ];
}
```

接著，就可以在頁面範本上加入重設按鈕，以及在 *ngFor 指定 trackBy 參數。

```html
                                                    app.component.html
1    <div page-button>
2      <button type="button" (click)="onReset()">重設</button>
3      <button>新增</button>
4      <button>查詢</button>
5    </div>
6    <app-task
7      *ngFor="let task of tasks; let odd = odd; trackBy: trackById"
8      [class.odd]="odd"
9      [task]="task"
10     (stateChange)="onSetState(task, $event)"
11   ></app-task>
```

透過開發者工具的頁面元素變化（如圖 4-8），可以發現在按下重設按鈕時，只會移除編號 3 工作事項的頁面 DOM 元素，以及新增 5 工作事項，其餘項目皆不會重新渲染[1]。

1　此範例程式可以從 StackBlitz 範例的執行結果（https://ng-book-ngfor-trackby-directive.stackblitz.io/）中，觀察開發者工具內元素的變化。

```
▼<div _ngcontent-ng-c3179244896 class="content">
  ▼<app-task _ngcontent-ng-c3312132830 _nghost-ng-c3877634298 ng-reflect-task="[object Object]">
    ▼<div _ngcontent-ng-c3877634298 class="content"> flex
      ▼<div _ngcontent-ng-c3877634298>
        <span _ngcontent-ng-c3877634298 ng-reflect-ng-class="[object Object]" class="important urg
        ent">1. 建立待辦事項元件</span>
        <span _ngcontent-ng-c3877634298 class="type work"> Work </span>
        <span _ngcontent-ng-c3877634298> - 開始日期： / 完成日期：</span>
      </div>
      <div _ngcontent-ng-c3877634298>None</div>
    </div>                                              不會重新渲染此區域 DOM
    ▶<div _ngcontent-ng-c3877634298 class="button">⋯</div>
  </app-task>
  ▶<app-task _ngcontent-ng-c3312132830 _nghost-ng-c3877634298 class="odd" ng-reflect-task="[object
  Object]">⋯</app-task>
  ▼<app-task _ngcontent-ng-c3312132830 _nghost-ng-c3877634298 ng-reflect-task="[object Object]">
    ▼<div _ngcontent-ng-c3877634298 class="content"> flex
      ▼<div _ngcontent-ng-c3877634298>
        <span _ngcontent-ng-c3877634298 ng-reflect-ng-class="[object Object]">4. 待辦事項 4</span>
        <span _ngcontent-ng-c3877634298 class="type home"> Home </span>
        <span _ngcontent-ng-c3877634298> - 開始日期： / 完成日期：</span>
      </div>
      <div _ngcontent-ng-c3877634298>None</div>
    </div>
    ▶<div _ngcontent-ng-c3877634298 class="button">⋯</div>
  </app-task>
  ▼<app-task _ngcontent-ng-c3312132830 _nghost-ng-c3877634298 class="odd" ng-reflect-task="[object
  Object]">
    ▼<div _ngcontent-ng-c3877634298 class="content"> flex
      ▼<div _ngcontent-ng-c3877634298>
        <span _ngcontent-ng-c3877634298 ng-reflect-ng-class="[object Object]">5. 待辦事項 5</span>
        <span _ngcontent-ng-c3877634298 class="type home"> Home </span>
        <span _ngcontent-ng-c3877634298> - 開始日期： / 完成日期：</span>
      </div>
      <div _ngcontent-ng-c3877634298>None</div>            新增此區域 DOM 元素
    </div>
    ▶<div _ngcontent-ng-c3877634298 class="button">⋯</div>
  </app-task>
  <!--bindings={
    "ng-reflect-ng-for-of": "[object Object],[object Object]"
  }-->
```

圖 4-8　ngForTrackBy 元素變化範例程式執行結果

範例 4-3 - *ngFor 指令 trackBy 範例程式

https://stackblitz.com/edit/ng-book-v2-ngfor-trackby-

directive

圖 4-9

4.2.3 條件判斷 – *ngIf

當我們需要實作在特定條件下，才顯示指定的頁面內容時，就可以利用 *ngIf 指令來實作。

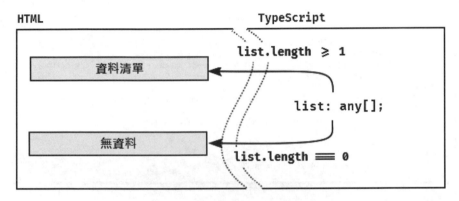

圖 4-10 依條件顯示頁面範本

延續上一小節待辦事項的清單需求，我們可以在 *ngFor 外層加入 *ngIf 判斷，讓頁面只在有待辦事項資料才會顯示清單：

```html
                                                    app.component.html
1    <div *ngIf="tasks.length >= 1">
2      <app-task
3        *ngFor="let task of tasks; let odd = odd; trackBy: trackById"
4        [class.odd]="odd"
5        [task]="task"
6        (stateChange)="onSetState(task, $event)"
7      ></app-task>
8    </div>
```

> ⏰ **可不可把 *ngFor 與 *ngIf 指定在同一個頁面元素**
>
> 不可以，Angular 只允許一個宿主元素放置一個結構型指令。如果不希望
> 為了加上結構型指令而多了一層 DOM 結構，可以利用 `<ng-container>` 來
> 避免汙染元素結構。

另外，Angular 也提供了 `ngIfElse` 指令可以實作頁面的條件分支需求。假如
上面範例需求變更成：當有待辦事項時顯示事項清單，反之顯示無待辦事
項訊息。

```html
HTML                                              app.component.html
1     <div *ngIf="tasks.length >= 1; else emtpy">
2       <app-task
3         *ngFor="let task of tasks; let odd = odd; trackBy: trackById"
4         [class.odd]="odd"
5         [task]="task"
6         (stateChange)="onSetState(task, $event)"
7       ></app-task>
8     </div>
9
10    <ng-template #empty>
11      <div class="data-empty">無待辦事項</div>
12    </ng-template>
```

如上面程式，首先將「無待辦事項的訊息」放在 `<ng-template>` 內，就可以
在 *ngIf 指令中指定當待辦事項清單個數為零時，顯示 #empty 樣版內容。

範例 4-4 - *ngIf 指令範例程式

https://stackblitz.com/edit/ng-book-v2-ngif-directive

圖 4-11

除此之外，也可以把資料清單移至 `<ng-template>` 內，然後在依待辦事項的筆數來決定顯示對象是 #empty 或 #list。

```html
HTML                                                    app.component.html
1    <div *ngIf="tasks.length >= 1; then list; else empty"></div>
2
3    <ng-template #list>
4      <app-task
5        *ngFor="let task of tasks; let odd = odd; trackBy: trackById"
6        [class.odd]="odd"
7        [task]="task"
8        (stateChange)="onSetState(task, $event)"
9      ></app-task>
10   </ng-template>
11
12   <ng-template #empty>
13     <div class="data-empty">無待辦事項</div>
14   </ng-template>
```

如圖 4-12 與圖 4-13，利用開發者工具可以得知，當條件不成立時，Angular 會從 DOM 中將指定的頁面元素刪除。

圖 4-12 *ngif 範例程式有資料時執行結果

圖 4-13 *ngif 範例程式沒有資料時執行結果

範例 4-5 - *ngIf 指令範本範例程式
https://stackblitz.com/edit/ng-book-v2-ngif-template-directive

圖 4-14

4.2.4 多個條件判斷 – ngSwitch

接下來介紹 ngSwitch 指令,它主要用來處理多個條件分支的需求。

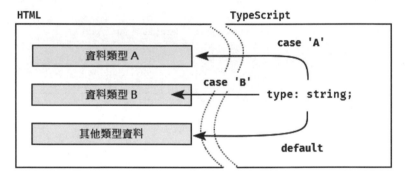

圖 4-15 依多種條件顯示頁面範本

下面的程式實作了在待辦事項元件中,需要依事項狀態碼來顯示對應的文字描述。其中 ngSwitch 是一屬性型指令,用來繫結要判斷的屬性值;搭配著 *ngSwitchCase 與 *ngSwitchDefault 兩個結構型指令、來設定判斷案例的範本與預設狀態的範本。

```
HTML                                              task.component.html
1    <div [ngSwitch]="task.state">
2      <span *ngSwitchCase="'Doing'">進行中</span>
3      <span *ngSwitchCase="'Finish'">已完成</span>
4      <span *ngSwitchDefault>未安排</span>
5    </div>
```

執行結果為：

圖 4-16 ngSwitch 範例程式執行結果

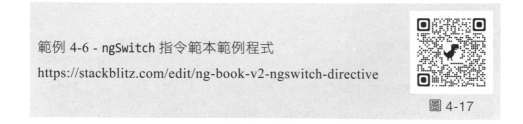

範例 4-6 - ngSwitch 指令範本範例程式

https://stackblitz.com/edit/ng-book-v2-ngswitch-directive

圖 4-17

4.2.5 動態元件載入 – *ngComponentOutlet

利用 *ngIf 或 ngSwitch 指令可以依條件來決定頁面要顯示的內容，然而在較為複雜的需求下，如在不同條件下要顯示成一般文字、圖片或是影片，這樣的做法會增加頁面範本程式的複雜度。*ngComponentOutlet 指令就可以在這樣子的需求下，依不同條件動態的載入特定的元件。

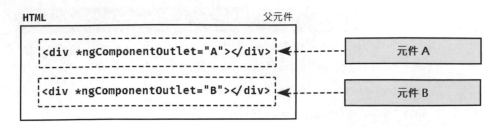

圖 4-18 動態元件載入

使用上只要將要所要使用的元件類別指定給 *ngComponentOutlet 指令就可以了。

TypeScript	app.component.ts

```
1    component!: Type<any>;
```

HTML	app.component.html

```
1    <div *ngComponentOutlet="component"></div>
```

範例 4-7 - *ngComponentOutlet 指令範本範例程式

https://stackblitz.com/edit/ng-book-v2-componet-outlet

圖 4-19

4.2.6 利用 <ng-container> 避免改變頁面結構

因為一個宿主元件只能放一個結構性指令，所以在先前的範例中，我們在外層加入 <div> 標籤來設定 *ngIf 指令。通常情況下，這層標籤的存在並不是問題，但有時候若是需要頁面套版時，就可能會影響到整個版型的使用，而導致整個頁面跑版壞掉。

為了避免這個問題，Angular 提供了 <ng-container> 元素，讓頁面在渲染時不會將此元素放進 DOM 中，進而不影響頁面的元素結構（圖 4-20）。

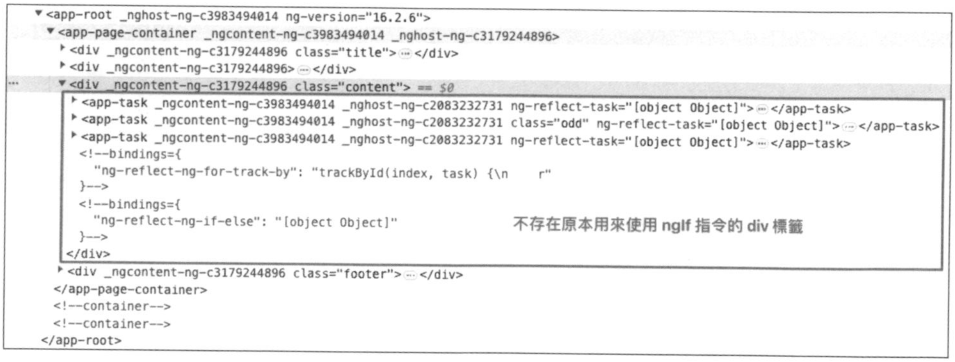

圖 4-20 使用 ng-container 元素避免改變頁面結構

4.2.7 利用 @ViewChild 取得含結構型指令的元素

在上一章提到，我們可以利用 @ViewChild 裝飾器第二個參數的 static 屬性，可以在 ngOnInit() 鉤子方法就取得到元素實體。不過在針對含有如 *ngIf、*ngFor 等結構型指令時，如圖 4-21 顯示，如果設定 static 屬性為 true 時，會無法在 ngOnInit() 鉤子方法的時候取得元素實體。

```
[webpack-dev-server] Server started: Hot Module Replacement disabled, Live Reloading enabled, Progress    polyfills.js:1
disabled, Overlay enabled.
Angular ngOnInit Lift Cycle Hook – viewTask undefined                                                   app.component.ts:27
Angular ngOnInit Lift Cycle Hook – staticTask undefined                                                 app.component.ts:28
Angular ngAfterViewInit Lift Cycle Hook – viewTask                                                      app.component.ts:35
  ▼ TaskComponent {stateChange: EventEmitter_, __ngContext__: 5, task: Task, contentClass: {…}, startDate: undefined, …}
    ▶ contentClass: {important: true, urgent: true}
      finishDate: undefined
      startDate: undefined
    ▶ stateChange: EventEmitter_ {closed: false, currentObservers: null, observers: Array(1), isStopped: false, hasError: 1
    ▶ task: Task {id: 1, content: '建立待辦事項元件', type: 'Work', important: true, urgent: true, …}
      __ngContext__: 5
    ▶ [[Prototype]]: Object
Angular ngAfterViewInit Lift Cycle Hook – staticTask undefined                                          app.component.ts:39
Angular is running in development mode.                                                                 core.mjs:26590
>
```

圖 4-21 利用 ViewChild 取得含結構型指令元素

範例 4-8 - **ViewChild** 取得含結構型指令範本範例程式

https://stackblitz.com/edit/ng-book-v2-view-child-ngif

圖 4-22

▶ 4.3 自訂 Angular 指令

除了使用 Angular 內建的指令外，也可以依需求來開發自己的
指令。本節會利用幾個案例來說明如何做出屬性型與結構型
兩種類型的指令。

本節目標

▶ 如何自訂屬性型指令

▶ 如何自訂結構型指令

4.3.1 自訂變更元素樣式的屬性型指令（Attribute Directive）

屬性型指令其中一個功能是用來改變宿主元素的外觀樣式。因此，我們可以實作一個改變按鈕外觀樣式的指令，讓在 Angular 應用程式內只要加上這個指令的按鈕，都可以統一呈現一樣的外觀。

例如，希望在應用程式中的查詢按鈕以黑底白字顯示，就可以利用 Angular CLI 在 UtilsModule 模組內建立 BlackButtonDirective，然後在建構式中注入 ElementRef，來取得此指令的宿主元素；以及透過注入的 Renderer2 來針對 ElementRef 的 nativeElement 屬性設定所需要的樣式內容。

```typescript
// black-button.directive.ts
@Directive({
  selector: 'button[appBlackButton]',
})
export class BlackButtonDirective implements OnInit {
  constructor(private elRef: ElementRef, private renderer: Renderer2) {}

  ngOnInit(): void {
    this.renderer.setStyle(
      this.elRef.nativeElement,
      'background-color',
      'black'
    );
    this.renderer.setStyle(this.elRef.nativeElement, 'color', 'white');
  }
}
```

這樣一來，我們就可以在查詢按鈕中加上 appBlackButton 指令來設定樣式：

```
HTML                                                    app.component.html
1    <button type="button" appBlackButton>查詢</button>
```

套用了這個指令後，按鈕就會呈現成：

圖 4-23 變更按鈕樣式指令範例程式執行結果

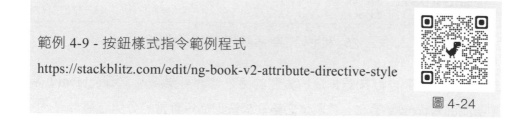

範例 4-9 - 按鈕樣式指令範例程式

https://stackblitz.com/edit/ng-book-v2-attribute-directive-style

圖 4-24

現在我們調整一下按鈕指令範例程式，新增 changeColor() 方法，讓使用端可以利用這個方法改變按鈕文字的顏色。

```
TypeScript                                    black-button.directive.ts
1    changeColor(color: string): void {
2      this.renderer.setStyle(this.elRef.nativeElement, 'color', color);
3    }
```

接著，我們在 AppComponent 裡利用範本參考變數取得指令實體。

```
HTML                                            app.component.html
1    <button type="button" #button appBlackButton>查詢</button>
```

```
TypeScript                                        app.component.ts
1    @ViewChild('button', { static: true }) button!: unknown;
```

圖 4-25 顯示了我們在 AppComponent 內所取得的指令實體，可以看到取得是 button 元素的實體，這個是我們自訂的按鈕指令的宿主元素。

```
▼ ElementRef ℹ                                  app.component.ts:22
  ▶ nativeElement: button
  ▶ [[Prototype]]: Object
```

圖 4-25 利用範本參考變數取得指令實體

若要取得到我們自訂按鈕指令的實體的話，就會需要設定 @Directive() 裝飾器內的 exportAs 屬性，透過這個屬性來決定指令實體的公開名稱。

```
TypeScript                                    black-button.directive.ts
1    @Directive({
2      selector: 'button[appBlackButton]',
3      exportAs: 'blackButton',
4    })
```

在 AppComponent 的使用上就可以改寫成：

```
HTML                                          app.component.html
1    <button type="button" #button="blackButton" appBlackButton>查詢</button>
```

如圖 4-26 所顯示的，如此一來就可以取得我們需要的指令實體。

```
                                              app.component.ts:22
▼ BlackButtonDirective {elRef: ElementRef, renderer: EmulatedEncapsulationD
   omRenderer2, __ngContext__: 1} ℹ
   ▶ elRef: ElementRef {nativeElement: button}
   ▶ renderer: EmulatedEncapsulationDomRenderer2 {eventManager: EventManager,
     __ngContext__: 1
   ▶ [[Prototype]]: Object
```

圖 4-26　取得指定 exportAs 屬性的指令實體

範例 4-10 - 按鈕樣式指令設定 exportAs 範例程式

https://stackblitz.com/edit/ng-book-v2-directive-export-as

圖 4-27

4.3.2　自訂改變元素行為的屬性型指令（**Attribute Directive**）

除了改變 DOM 元素的外觀，我們可以改變按鈕的行為。例如，我們在 UtilsModule 模組加入按鈕確認指令，來實作在使用者按下按鈕後，先開啟確認詢問視窗，只有在使用者確認後才會執行按鈕的行為，反之則不執行。

```typescript
TypeScript                          button-confirm.directive.component.ts
1    @Input('appButtonConfirm') message!: string;
2    @Output() confirm = new EventEmitter<void>();
3
4    @HostListener('click', ['$event'])
5    clickEvent(event: Event) {
6      event.preventDefault();
7      event.stopPropagation();
8      if (confirm(this.message)) {
9        this.confirm.emit();
10     }
11   }
```

由於需要改變使用者按下按鈕後的行為，因此我們會透過 @HostListener 裝飾器來擷取按鈕事件；然後在此事件處理程式中，讓使用者確認執行後觸發 confirm 事件，讓父元件執行所需要的作業。

接著，就可在待辦事項清單中加入刪除按鈕，並利用這個指令來指定詢問視窗的訊息，以及需要執行的作業方法（別忘了在待辦事項功能模組匯入 UtilsModule 模組）。

```html
HTML                                              task.component.html
1    <button type="button" appButtonConfirm="是否確認刪除?">刪除</button>
```

這樣子在使用者按下按鈕後，就會跳出詢問視窗。

圖 4-28 使用者按下按鈕後跳出詢問視窗範例程式執行結果

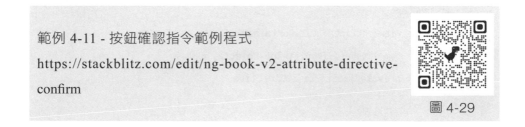

範例 4-11 - 按鈕確認指令範例程式

https://stackblitz.com/edit/ng-book-v2-attribute-directive-confirm

圖 4-29

4.3.3 自訂結構型指令（Structural Directive）

在實務上常會依使用者的權限來控制頁面上顯示的內容，這種需求可以自訂結構型指令來實作。

```
TypeScript                                    limit.directive.ts
1    @Directive({
2      selector: '[appLimit]',
3    })
4    export class LimitDirective {
```

```
5      @Input() appLimit!: string;
6    }
```

首先，如上面程式，我們會利用 LimitDirective 這個屬性型指令來接收要
判斷的屬性值，因此這個指令內只需要一個輸入型屬性。

如上一節所提到，Angular 會將結構型屬性轉換成 <ng-template> 元素，讓
其內的元素可以嵌入到指令的宿主元素之內。為了可以在特定條件下來顯
示需要的頁面範本，我們會注入 TemplateRef 來取得 <ng-template> 的內
容，以及 ViewContainerRef 來控制宿主元素的檢視容器。

TypeScript	limit-case.directive.ts

```
1    constructor(
2      private viewContainer: ViewContainerRef,
3      private templateRef: TemplateRef<Object>,
4      @Host() private limit: LimitDirective
5    ) {}
```

為了比較 LimitDirective 與 LimitCaseDirective 兩個指令所設定的值，再依
比較的結果決定是否顯示宿主元件的頁面範本。所以透過 @Host() 裝飾器[2]
來取得上層的 LimitDirective 實體。

接著，建立一個輸入屬性來接收允許顯示頁面範本的條件。此屬性會比較
目前使用者權限與傳入的值是否相同，如果條件成立，就會在檢視容器中
建出嵌入式檢視；反之，則會清除檢視容器。

---

2 關於 @Host() 裝飾器的說明可以參考第 6.5.3 節。

在 AppComponent 的使用上就可以改寫成：

```
HTML                                                    app.component.html
1    <button type="button" #button="blackButton" appBlackButton>查詢</button>
```

如圖 4-26 所顯示的，如此一來就可以取得我們需要的指令實體。

```
                                                      app.component.ts:22
▼ BlackButtonDirective {elRef: ElementRef, renderer: EmulatedEncapsulationD
  omRenderer2, __ngContext__: 1} ⓘ
  ▶ elRef: ElementRef {nativeElement: button}
  ▶ renderer: EmulatedEncapsulationDomRenderer2 {eventManager: EventManager,
    __ngContext__: 1
  ▶ [[Prototype]]: Object
```

圖 4-26 取得指定 exportAs 屬性的指令實體

範例 4-10 - 按鈕樣式指令設定 exportAs 範例程式

https://stackblitz.com/edit/ng-book-v2-directive-export-as

圖 4-27

4.3.2 自訂改變元素行為的屬性型指令（Attribute Directive）

除了改變 DOM 元素的外觀，我們可以改變按鈕的行為。例如，我們在 UtilsModule 模組加入按鈕確認指令，來實作在使用者按下按鈕後，先開啟確認詢問視窗，只有在使用者確認後才會執行按鈕的行為，反之則不執行。

```typescript
TypeScript                    button-confirm.directive.component.ts
1    @Input('appButtonConfirm') message!: string;
2    @Output() confirm = new EventEmitter<void>();
3
4    @HostListener('click', ['$event'])
5    clickEvent(event: Event) {
6      event.preventDefault();
7      event.stopPropagation();
8      if (confirm(this.message)) {
9        this.confirm.emit();
10     }
11   }
```

由於需要改變使用者按下按鈕後的行為，因此我們會透過 @HostListener 裝飾器來擷取按鈕事件；然後在此事件處理程式中，讓使用者確認執行後觸發 confirm 事件，讓父元件執行所需要的作業。

接著，就可在待辦事項清單中加入刪除按鈕，並利用這個指令來指定詢問視窗的訊息，以及需要執行的作業方法（別忘了在待辦事項功能模組匯入 UtilsModule 模組）。

```html
HTML                                              task.component.html
1    <button type="button" appButtonConfirm="是否確認刪除?">刪除</button>
```

這樣子在使用者按下按鈕後，就會跳出詢問視窗。

```typescript
// TypeScript                          limit-case.directive.ts
1   private hasView = false;
2   @Input()
3   set appLimitCase(value: string) {
4     const condition = value === this.limit.appLimit;
5     if (condition && !this.hasView) {
6       this.viewContainer.createEmbeddedView(
7         this.templateRef
8       );
9       this.hasView = true;
10    } else if (!condition && this.hasView) {
11      this.viewContainer.clear();
12      this.hasView = false;
13    }
14  }
```

如此一來，就可以依照使用者的權限狀態，來動態新增所需要看到的頁面區塊、或是刪除不允許看到的區域。

```html
<!-- HTML                              app.component.html -->
1  <ng-container [appLimit]="userId">
2    <ng-container *appLimitCase="'admin'">
3      <button type="button">載入</button>
4      <button type="button">清空</button>
5      <button>新增</button>
6    </ng-container>
7    <button type="button" appBlackButton>查詢</button>
8    <span>使用者: {{ userId }}</span>
9  </ng-container>
```

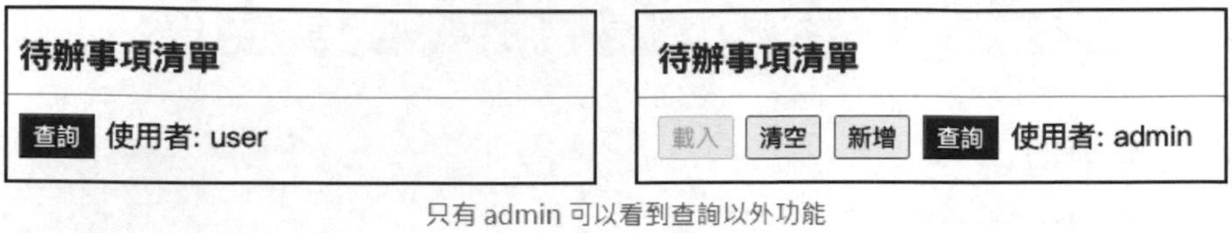

待辦事項清單

查詢 使用者: user

待辦事項清單

載入 清空 新增 查詢 使用者: admin

只有 admin 可以看到查詢以外功能

圖 4-30 權限結構型指令範例程式執行結果

範例 4-12 - 權限結構型指令範例程式

https://stackblitz.com/edit/ng-book-v2-structural-directive

圖 4-31

▶ 4.4 自訂指令內的繫結

在 Angular 元件我們可以利用 [] 與 () 來進行屬性繫結與事件繫結，本節會說明在沒有頁面範本的 Angular 指令中，負責屬性繫結與事件繫結的兩個裝飾器。

本節目標

▶ 利用 @HostListener 裝飾器繫結事件

▶ 利用 @HostBinding 裝飾器繫結屬性

4.4.1 @HostListener 裝飾器

在上一節實作使用者詢問按鈕時，我們使用到 @HostListener 裝飾器，透過這個裝飾器可以擷取到宿主元件的使用者操作事件。

例如，我們需要實作一個指令，在使用者把游標移入時，改變宿主元素的背景顏色；游標離開時則還原。

```typescript
# over-highlight.directive.ts
1    @HostListener('mouseover')
2    onMouseOver() {
3      this.renderer.setStyle(this.elRef.nativeElement, 'background-color',
     this.color);
4    }
5
6    @HostListener('mouseout')
7    onMouseOut() {
8      this.renderer.removeStyle(this.elRef.nativeElement, 'background-color');
9    }
```

此時，就可以如上面程式，利用 @HostListener 裝飾器擷取 mouseover 與 mouseout 兩個滑鼠事件，以改變背景的顏色。

範例 4-13 - @HostListener 裝飾器範例程式
https://stackblitz.com/edit/ng-book-v2-host-listener-decorator

圖 4-32

4.4.2 @HostBinding 裝飾器

我們還可以利用 @HostBinding 裝飾器來繫結宿主元素的屬性。例如，在上一小節的需求中，我們希望讓外部來決定改變的文字顏色。這種需求除了利用 @Input() 裝飾器在指令中設定一個屬性外，我們還可以寫成：

```typescript
                                        over-highlight.directive.ts
@HostBinding('class.overing') isOvering = false;
@HostListener('mouseover')
onMouseOver() {
  this.isOvering = true;
}
@HostListener('mouseout')
onMouseOut() {
  this.isOvering = false;
}
```

上面程式中，我們在指令中利用 @HostBinding() 裝飾器把 isOvering 屬性繫結到宿主元素的樣式類別屬性，並在滑鼠的事件中去控制 isOvering 屬性值。如此一來，當使用者把游標移入宿主元素時，這個指令就會在宿主元素中加入 overing 的樣式類別；因此，在使用上只需要定義好這個樣式類別就可以了。

順帶一提，我們也可以利用 @HostBinding() 裝飾器讓父元件指定子元件的樣式。例如，目前待辦事項之間並沒有間距，除了可以在 TaskComponent 的樣式中設定外，也可以在元件檔案中，透過 @HostBinding() 裝飾器指定特定樣式名稱。

```typescript
                                             task.component.ts
@HostBinding('class') class = 'app-task';
```

如此一來，就可以在 AppComponent 的樣式檔案中，針對 .app-task 設定所要套用的樣式。

CSS	app.component.css

```
1    .app-task {
2      margin-bottom: 10px;
3    }
```

圖 4-33 使用 HostBinding 設定子元件樣式類別名稱

範例 4-14 - @HostBinding 裝飾器範例程式

https://stackblitz.com/edit/ng-book-v2-host-binding-decorator

圖 4-34

檢視資料的面具 — 管道（Pipe）

▶ 5.1 Angular 內建管道

實務上我們常會因需求的不同而將資料用不同的格式呈現，Angular 提供了管道可以針對資料進行轉換或格式化後，再顯示在頁面上，完全不會影響到原始資料的內容，且管道只會在整個應用程式被宣告一次。本一節就先說明幾個在 Angular 應用程式中常用的內建管道。

本節目標

▶ 了解 Angular 內建管道

5.1.1 檢視物件資料 – JsonPipe

在開發網頁應用程式時，常會用 console.log() 方法把變數顯示在開發者工具內。除此之外，也可以利用 Angular 提供的 JsonPipe 將變數用 Json 的格式顯示在頁面上。

HTML	app.component.html

```
1    <pre>{{ tasks | json }}</pre>
```

管道的使用方式如同上面程式，在要轉換的對象後使用管道符號（|），接著在呼叫所需要的管道，就可如圖 5-1 一樣將待辦事項清單顯示在頁面上。

```
[
  {
    "id": 1,
    "content": "建立待辦事項元件",
    "type": "Work",
    "important": true,
    "urgent": true,
    "state": "None"
  },
  {
    "id": 2,
    "content": "購買 iPhone 手機 - 30000元",
    "type": "Other",
    "important": false,
    "urgent": false,
    "state": "None"
  },
  {
    "id": 3,
    "content": "家庭聚餐",
    "type": "Home",
    "important": true,
    "urgent": false,
    "state": "None"
  }
]
```

圖 5-1 JsonPipe 範例程式執行結果

5.1.2 改變字母大小寫－TitleCasePipe / LowerCasePipe / UpperCasePipe

UpperCasePipe 與 LowerCasePipe 可以針對英文字全轉換為大寫或小寫，例如，我們可以透過這個管道設定待辦事項類型，那就會寫成：

```html
task.component.html
1  <span class="type">{{ task.type | uppercase }}</span>
2  <span class="type">{{ task.type | lowercase }}</span>
3  <span class="type">{{ task.type | titlecase }}</span>
```

另外，如上面程式第 3 行，Angular 也內建了 TitleCasePipe 來讓顯示的文字只有字首大寫（如圖 5-2）。

圖 5-2 TitleCasePipe / LowerCasePipe / UpperCasePipe 範例程式執行結果

範例 5-1 -TitleCasePiep / LowerCasePipe / UpperCasePipe
範例程式

https://stackblitz.com/edit/ng-book-v2-case-pipe

圖 5-3

5.1.3 限制顯示長度 – SlicePipe

當我們遇到較小的螢幕解析度時，為了頁面排版的呈現，常會限制文字資料顯示的長度，此時就可以利用 SlicePipe 來實作。使用時，會傳入要顯示的啟始與結束位置，其中啟始位置是從 0 起算，而且是必要的。

```
{{ value_expression | slice: start [ : end ] }}
```

因此，若只希望不要顯示待辦事項過長的內容，就會寫成：

HTML	task.component.html
1	`<span>{{ task.id }}. {{ task.content	slice : 0 : 10 }}...</span>`

圖 5-4 字串中使用 SlicePipe 範例程式執行結果

SlicePipe 是基於 JavaScript 內 `Array.prototype.slice()` 和 `String.prototype.slice()` 兩個方法行為，所以此管道也可以使用在陣列中。

HTML	app.component.html
1	`<app-task *ngFor="let task of tasks	slice: 0:2" [task]="task"></app-task>`

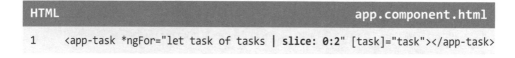

圖 5-5 陣列中使用 SlicePipe 範例程式執行結果

範例 5-2 - SlicePipe 範例程式

https://stackblitz.com/edit/ng-book-v2-slice-pipe

圖 5-6

5.1.4 物件轉換成陣列 – KeyValuePipe

KeyValuePipe 可以用來將物件或 Map 型別的資料轉換成陣列，而這個陣列內容會是以物件屬性名稱為 key，與以屬性值為 value 的物件。當我們需要在頁面上，依單一物件資料顯示每一個屬性內容時，就可以搭配著 *ngFor 指令來實作。

```html
HTML                                              app.component.html
1    <table border="1">
2      <tr>
3        <th>欄位</th>
4        <th>內容</th>
5      </tr>
6      <tr *ngFor="let t of tasks[selectedIndex] | keyvalue">
7        <td>{{ t.key }}</td>
8        <td>{{ t.value }}</td>
9      </tr>
10   </table>
```

針對有較多屬性的物件，就可以透過這個管道很容易地顯示圖 5-7 的結果。

欄位	內容
content	建立待辦事項元件
id	1
important	true
state	None
type	Work
urgent	true

圖 5-7 KeyValuePlpe 顯示工作事項明細資料範例程式執行結果

範例 5-3 - KeyValuePipe 範例程式

https://stackblitz.com/edit/ng-book-v2-key-value-pipe

圖 5-8

5.1.5 數值資料的顯示 – DecimalPipe

DecimalPipe 可以用來限制數值的整數位與小數位的顯示位數，或是以本地化環境的設定來顯示數值。其語法是：

```
{{ value_expression | number [ :'digitsInfo' [:local] ] }}
```

這個管道的第一個參數字串會利用下面的格式，來定義整數位的最小位數，以及小數位的最小與最大位數。因此以預設值 **1.0-3** 為例，就代表最少會顯示 1 位的整數位，以及 0 至 3 位的小數位。第二個參數則是使用 Unicode 本地環境識別符號編號來做本地化的設定，預設為 en-US。

```
{整數最小位數}.{小數最小位數}-{小數最大位數}
```

因此，我們可以利用這個管道限制完成率的小數位數，也可以讓待辦事項編號都以三位數值顯示。

```html
HTML                                              app.component.html
1    <div class="footer">
2      ...
3      <div>完成率：{{ finishCount / tasks.length | number }}</div>
4    </div>
```

```html
HTML                                              app.component/html
1    <span [ngClass]="contentClass">
2      {{ task.id | number : "3.0" }}. {{ task.content | slice : 0 : 14 }}...
3    </span>
```

上述範例程式會顯示為：

圖 5-9 利用 DecmialPipe 格式化數值顯示範例程式執行結果

範例 5-4 - DecimalPipe 範例程式碼
https://stackblitz.com/edit/ng-book-v2-decimal-pipe

圖 5-10

5.1.6 百分比資料的顯示 – PercentPipe

在實務上若要依百分比的方式呈現，常會將目標值乘 100 後顯示在頁面上，並加入 % 字眼。而 Angular 也提供了 PercentPipe 來處理此種需求。

```
{{ value_expression | percent [ :'digitsInfo' [:local] ] }}
```

PercentPipe 的參數與 DecimalPipe 相同，可以指定要顯示的整數與小數位的位數，以及本地化編號。因此，上一小節的完成率就可以使用這個管道來顯示百分比資訊。

HTML	app.component.html
1	`<div>完成率：{{ finishCount / tasks.length	percent: "2.1-2" }}</div>`

待辦事項總數：3
已完成個數：1
剩下待辦事項個數：2
完成率：33.33%

圖 5-11　指定顯示百分比資料範例程式執行結果

範例 5-5 PercentPipe 範例程式碼

https://stackblitz.com/edit/ng-book-v2-percent-pipe

圖 5-12

5.1.7 貨幣資料的顯示 – CurrencyPipe

CurrencyPipe 是將數值根據本地化的規則轉換成金額格式字串。

```
{{ value_expression | currency [ : currencyCode [ : display [ : digitsInfo [ :
locale ] ] ] ] }}
```

此管道可以傳入四個選擇性參數，其中的最後兩個參數與 DecimalPipe 相同。currencyCode 參數用來指定 ISO 4217[1] 貨幣碼，如指定 USD 表示美元，而指定 CAD 則表示加拿大；如果希望整個 Angular 應用程式使用相同的貨幣碼，可以設定 DEFAULT_CURRENCY_CODE 令牌。display 參數則是指定貨幣指示的格式，可以自定義字串值來取得顯示的貨幣符號或編碼；也可以指定下列選項：

選項	用途	USD	CAD	EUR
code	在貨幣資訊前顯示貨幣碼	USD	CAD	EUR
symbol	為預設值，在貨幣資訊前顯示貨幣符號	$	$	€
symbol-narrow	在貨幣資訊前顯示貨幣的窄化符號	$	$	€

1　ISO 4217: https://en.wikipedia.org/wiki/ISO_4217

```
HTML                                                    app.component.html
1    <span> - {{ task.money | currency }} 元</span>
2    <span> - {{ task.money | currency: "CAD" }} 元</span>
3    <span> - {{ task.money | currency: "EUR":"symbol" }} 元</span>
```

針對待辦事項的金額資訊，上面程式設定了不同的貨幣參數，而顯示圖 5-13 的結果。

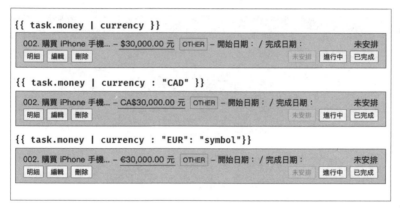

圖 5-13 指定不同貨幣顯示格式範例程式執行結果

範例 5-6 - CurrencyPipe 範例程式

https://stackblitz.com/edit/ng-book-v2-currency-pipe

圖 5-14

5.1.8 日期資料的顯示 – DatePipe

DatePipe 用來依據所指定時區的規則來處理日期資料的格式化顯示，可以指定格式、時區偏移或是特定區域格式：

```
{{ value_expression | date [ : format [ : timezone [ : locale ] ] ] }}
```

DatePipe 的格式化可以自訂格式[2]，常用的日期有：

類型	格式		範例
年	y	數值呈現，不足的不會補零	2021
	yy	兩碼數值呈現，不足的會補零	21
	yyy	三碼數值呈現，不足的會補零	2021
	yyyy	四碼數值呈現，不足的會補零	2021
月	M	數值呈現，不足的不會補零	9
	MM	兩碼數值呈現，不足的不會補零	09
	MMM	月份縮寫	Sep
	MMMM	完整月份	September
	MMMMM	月份字母	S
週	w	數值呈現	1 ... 53
	ww	兩碼數值呈現，不足的會補零	01 ... 53
日	d	數值呈現，不足的不會補零	1
	dd	兩碼數值呈現，不足的會補零	01

2　完整的格式設定可以查詢官網：https://angular.io/api/common/DatePipe

類型		格式	範例
星期	EEE	三碼縮寫字母	Tue
	EEEE	完整星期	Tuesday
	EEEEE	一碼縮寫字母	T
	EEEEEE	二碼縮寫字母	Tu

時間的部份則包含：

類型		格式	範例
時 12 小時制	h	數值呈現，不足的不會補零	1 ... 12
	hh	兩碼數值呈現，不足的會補零	01 ... 12
時 24 小時制	H	數值呈現，不足的不會補零	0 ... 23
	HH	兩碼數值呈現，不足的會補零	00 ... 23
分	m	數值呈現，不足的不會補零	0 ... 59
	mm	兩碼數值呈現，不足的會補零	00 ... 59
秒	s	數值呈現，不足的不會補零	0 ... 59
	ss	兩碼數值呈現，不足的會補零	00 ... 59

也可以指定區域規格內預先定義的選項，例如 Angular 內建的 en-US 區域選項來顯示完整的日期時間格式：

選項	範例
short	10/20/21, 1:00 AM
medium	Oct 20, 2021, 1:00:00 AM
long	October 20, 2021 at 1:00:00 AM GMT+8
full	Wednesday, October 20, 2021 at 1:00:00 AM GMT+08:00

或者，在這些選項後面加上 Date 或 Time 字眼，來只顯示日期或時間格式。

另外，如果要開發跨時區的應用程式時，在日期時間可能會以 UTC 的時區顯示，此時就可以利用 DatePipe 的第二個參數來設定所需要的時區。

HTML	app.component.html

```
1    UTC時間：{{ now | date: "short":"+0000" }}
```

因此，我們可以利用這個管道來調整待辦事項開始與完成日期顯示格式。

HTML	task.component.html

```
1    <span *ngIf="task.state !== 'None'">
2      {{ task.startDate | date: 'yyyy-MM-dd' }} ~
3      {{ task.finishDate | date: 'yyyy-MM-dd' }}
4    </span>
```

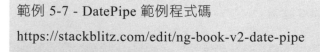

圖 5-15 利用日期管道顯示開始與完成日期範例程式執行結果

範例 5-7 - DatePipe 範例程式碼

https://stackblitz.com/edit/ng-book-v2-date-pipe

圖 5-16

▶ 5.2 自訂 Angular 管道

與 元件跟指令一樣，我們也可以依照需求來自行建立管道。而這一節就來說明要如何自訂 Angular 管道。

本節目標

▶ 管道的定義

▶ 如何自訂管道

5.2.1 利用 Angular CLI 建立管道

二話不說，直接在 Terminal 終端機執行下面 Angular CLI 命令來建立管道。

```
$ ng generate pipe 管道名稱 [參數]
```

```
⟩ ng generate pipe utils/pipe/order-by --export
CREATE src/app/utils/pipe/order-by.pipe.spec.ts (192 bytes)
CREATE src/app/utils/pipe/order-by.pipe.ts (219 bytes)
UPDATE src/app/utils/utils.module.ts (296 bytes)
```

圖 5-17 利用 Angular CLI 建立管道

TypeScript	order-by.pipe.ts

```typescript
1    @Pipe({
2      name: 'orderBy'
3    })
4    export class OrderByPipe implements PipeTransform {
5      transform(value: unknown, ...args: unknown[]): unknown {
6        return null;
7      }
8    }
```

Angular 的管道透過 @Pipe 裝飾器定義，且它實現了 PipeTransform 介面，透過 transform() 方法將資料進行格式化轉換，此方法的第一個參數是需要被轉換的對象，其後參數則為其他所傳入的參數。

5.2.2 利用管道將陣列資料倒序排列

TypeScript

```typescript
1    orderBy(prop: string): void { ... }
```

有時候我們會要依特定的排序條件，在頁面上顯示資料清單。一般而言，我們會如上面程式，在元件程式內加入一個排序的方法；並在頁面程式中，使用 *ngFor 前先透過此方式進行排序。

```html
1   <app-task
2     *ngFor="let task of orderBy('state')" [task]="task">
3   </app-task>
```

除此之外，我們也可以利用管道來負責排序的工作。因此在 `transform()` 方法中，會定義要被排序的陣列資料，以及排序對象的欄位名稱兩個參數，並回傳排序之後的結果。

```typescript
1   transform(list: Task[], prop: 'id' | 'state'): Task[] {
2     return list.sort((a, b) => {
3       if (typeof a[prop] === 'string') {
4         const valueA = a[prop] as string;
5         const valueB = b[prop] as string;
6         return valueA.localeCompare(valueB) * -1;
7       } else if (typeof a[prop] === 'number') {
8         const valueA = a[prop] as number;
9         const valueB = b[prop] as number;
10        return (valueA - valueB) * -1;
11      } else {
12        return 0;
13      }
14    });
15  }
```

這樣子我們就可以在清單顯示時，利用這個管道針對所需要的欄位進行排序。

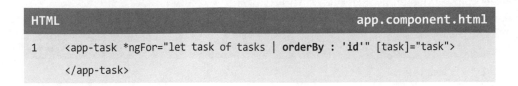

```html
HTML                                              app.component.html
1  <app-task *ngFor="let task of tasks | orderBy : 'id'" [task]="task">
   </app-task>
```

最後的結果就會依狀態來依序呈現：

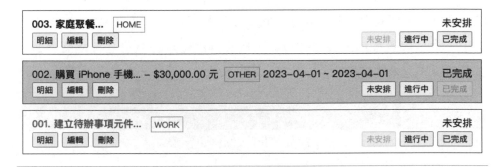

圖 5-18 依狀態排序顯示清單範例程式執行結果

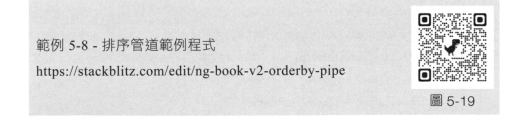

範例 5-8 - 排序管道範例程式

https://stackblitz.com/edit/ng-book-v2-orderby-pipe

圖 5-19

5.2.3 多個管道輸入參數

接著，我們讓應用程式在使用上一節的排序管道中，如下面程式，可以決定要升冪或降冪的排序方式。

```html
HTML                                                    app.component.html
1    <app-task *ngFor="let task of tasks | orderBy : 'id' : 'desc'" [task]="task">
2    </app-task>
```

如下面程式，我們在 transform() 方法中加入排序方向性參數（direction），
這個參數值只可以指定升冪（asc）或降冪（desc），並且預設值為升冪。

```typescript
TypeScript                                              order-by.pipe.ts
1    transform(list: Task[], prop: 'id' | 'state', direction: 'asc' | 'desc' =
     'asc'): Task[] {
2      const reverseOrder = direction === 'asc' ? 1 : -1;
3      return list.sort((a, b) => {
4        if (typeof a[prop] === 'string') {
5          const valueA = a[prop] as string;
6          const valueB = b[prop] as string;
7          return valueA.localeCompare(valueB) * reverseOrder;
8        } else if (typeof a[prop] === 'number') {
9          const valueA = a[prop] as number;
10         const valueB = b[prop] as number;
11         return (valueA - valueB) * reverseOrder;
12       } else {
13         return 0;
14       }
15     });
16   }
```

因此，可以在使用該管道時，利用第二個參數來決定要如何的排序，進一
步也可以利用屬性繫結的方式來讓使用者自行決定。

```
HTML                                                    app.component.html
1    <app-task *ngFor="let task of tasks | orderBy : 'id' : direction" [task]="task">
2    </app-task>
```

如此一來，就可以如圖 5-20 的結果，使用者可以點選按鈕來改變排序的方向。

圖 5-20 使用者決定清單排序方向執行結果

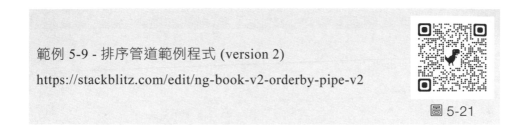

範例 5-9 - 排序管道範例程式 (version 2)

https://stackblitz.com/edit/ng-book-v2-orderby-pipe-v2

圖 5-21

5.2.4 設定自訂管道的 pure 參數

在先前實作的排序管道中會有一個問題：當我們針對待辦事項的狀態進行排序時，若把其中一項的狀態從「未安排」變成「進行中」，就會發現資料清單的排序結果都不會重新排序。

圖 5-22 資料屬性變更 後排序未變化

這個問題是因為物件或陣列型別的資料，Angular 的檢測變更只在更改了物件的參考才會被觸發。這時可以將 @Pipe 裝飾器中的 pure 參數設定為 false 來解決這個問題。

TypeScript	order-by.pipe.ts

```
1    @Pipe({
2      name: 'orderBy',
3      pure: false
4    })
5    export class OrderByPipe implements PipeTransform {}
```

需要注意的是，把 pure 參數設定為 false 時，會讓 Angular 的檢測變更更
加頻繁的執行，而降低整個應用程式的效能。如果要避免產生效能上的議
題，另一個方式就是在修改待辦事項的時候，變更資料清單的參考。

範例 5-10 - Impure 排序管道範例程式

https://stackblitz.com/edit/ng-book-v2-orderby-pipe-impure

圖 5-23

應用程式的橋梁 —
服務（Service）

▶ 6.1 自訂 Angular 服務

在前面章節裡，我們把頁面操作或顯示邏輯封裝成元件、指令或是管道等不同類型的元件；這一節主要會來說明要如何用 Angular 的服務來封裝應用程式的商業邏輯實作，以及透過依賴注入的方式在元件建立與使用服務。

本節目標

▶ 利用 Angular CLI 建立服務

▶ @Injectable 裝飾器的定義

▶ inject 函式的使用方式

▶ 獨體設計模式（Singleton）的服務實體

▶ 水平元件間的互動

6.1.1 利用 Angular CLI 建立服務

在 Terminal 終端機中，利用下面的 Angular CLI 命令來建立一個服務類別。

```
$ ng generate service 服務名稱 [參數]
```

```
> ng generate service task-feature/services/task
CREATE src/app/task-feature/services/task.service.spec.ts (347 bytes)
CREATE src/app/task-feature/services/task.service.ts (133 bytes)
```

圖 6-1 利用 Angular CLI 建立服務

實務上要使用 TaskService 類別，最直接的作法是利用 new 關鍵字建立服務實體。例如，我們可以利用下面程式，來呼叫 TaskService 的 getTask 方法。

```typescript
// TypeScript                                      app.component.ts
1    const service = new TaskService();
2    service.getTask();
```

雖然這個方法可以建立與使用服務，但也讓 AppComponent 與 TaskService 兩者之間的依賴有較高的耦合度，未來如果有相關需求的變更時，就會需要修改到這兩支程式。為了解決這個問題，就會使用到下一節所提到依賴注入（Dependency Injection, DI）來降低程式之間的耦合度。

6.1.2 利用 @Injectable 裝飾器配置可注入的服務

依賴注入是一種設計模式，Angular 利用此模式可以讓原本在元件內使用 new 關鍵字建立的服務實體，變更成在元件實體化的時候，由外部傳入已經建立的服務實體。

```typescript
TypeScript                                    task.service.ts
1    @Injectable({ providedIn: 'root' })
2    export class TaskService {}
```

Angular 透過 @Injectable 裝飾器來將服務類別定義成可被注入的服務，因而可以如下面程式利用建構式注入的方式來使用服務，並且讓待辦事項的資料由服務提供。

```typescript
TypeScript                                  app.component.ts
1    export class AppComponent {
2      constructor(private taskService: TaskService) { }
3
4      onLoad(): void {
5        this.tasks = this.taskService.getTasks();
6      }
7    }
```

範例 6-1 - Angular 服務範例程式

https://stackblitz.com/edit/ng-book-v2-service-base

圖 6-2

也可以利用 Angular 14 新增的 inject 函式來取得注入的服務實體，上面程式就可以修改成：

```typescript
TypeScript                                  app.component.ts
1    import { inject } from '@angular/core'
2
```

```typescript
3    export class AppComponent {
4      private taskService = inject(TaskService);
5    }
```

需要注意的是，此函式只能運作在元件類別的建構階段，因此可以在定義類別屬性時，直接使用 inject 函式設定初始值。但如下面程式，在 Angular 生命週期方法或類別方法中使用此函式，就會拋出圖 6-3 的例外訊息。

TypeScript	app.component.ts

```typescript
1    export class AppComponent implements OnInit {
2      ngOnInit() {
3        // 此行程式會拋出例外
4        const taskService = inject(TaskService);
5      }
6
7      getTasks() {
8        // 此行程式會拋出例外
9        const taskService = inject(TaskService);
10      }
11    }
```

```
⊗ ▶ERROR Error: NG0203: inject() must be called from an injection context such as   preview-e79c0c20ea05a.js:2
a constructor, a factory function, a field initializer, or a function used with `runInInjectionContext`. Find
more at https://angular.io/errors/NG0203
      at injectInjectorOnly (injector_compatibility.ts:88:17)
      at ɵɵinject (injector_compatibility.ts:102:25)
      at inject (injector_compatibility.ts:240:13)
      at AppComponent.ngOnInit (app.component.ts:18:31)
      at callHookInternal (hooks.ts:236:8)
      at callHook (hooks.ts:258:1)
      at callHooks (hooks.ts:219:13)
      at executeInitAndCheckHooks (hooks.ts:155:1)
      at refreshView (change_detection.ts:206:6)
      at detectChangesInternal (change_detection.ts:113:1)
```

圖 6-3　在非建構階段使用 inject 函式例外訊息

範例 6-2 - 使用 inject 函式取得注入實體範例程式

https://stackblitz.com/edit/ng-book-v2-service-inject

圖 6-4

更進一步，我們可以把在應用程式中，在不同元件間重覆的程式碼重構到特定的函式中，並在該函式中利用 inject 函式取得所需要的服務實體。

```typescript
// TypeScript                                      get-tasks.ts
1    export function getTasks(): Task[] {
2      const taskService = inject(TaskService);
3      return taskService.getTasks();
4    }
```

接著，就可以在 AppComponent 元件程式中，直接利用上面函式取得工作事項資料，而讓 AppComponent 沒有需要注入的服務。

```typescript
// TypeScript                                  app.component.ts
1    import { getTasks } from './get-tasks';
2
3    export class AppComponent {
4      tasks = getTasks();
5    }
```

範例 6-3 - 在函式中使用 inject 函式範例程式
https://stackblitz.com/edit/angular-book-v2-inject-in-function

圖 6-5

6.1.3 獨體設計模式（Singleton）的服務實體

在應用程式啟動時，Angular 會為每個模組建立一個注入器（injector），當帶有 @Injectable 裝飾器的服務類別被實體化時，並把服務實體註冊到此注入器中。

透過 @Injectable 裝飾器將服務實體註冊到注入器後，在此注入器的所屬模組內，相同的服務最多只有會有一個實體。也就是說，在多個元件中所注入的服務都會使用同一個實體。除此之外，在 Angular 編譯時也會透過這個裝飾器的定義，將未使用的依賴對象搖樹優化（Tree-Shaking）而排除。

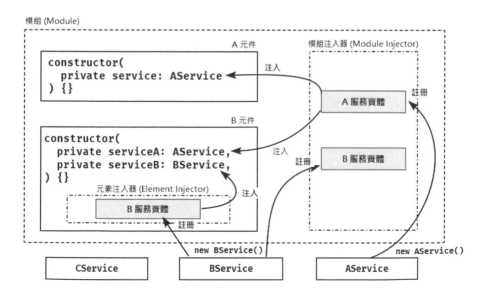

圖 6-6 獨體模式的服務實體

在 Angular 中，有兩種注入器層次結構，第一種稱為模組注入器（Module Injector），可以利用 @Injectable 裝飾器的 providedIn 屬性設定，或是如下面程式，直接在 @NgModule 的 providers 屬性陣列中配置。

```typescript
@NgModule({
  ...
  // 此時 TaskService 的 @Injectable 裝飾器不會設定 providedIn 屬性
  providers: [TaskService]
})
export class AppModule {}
```

在 Angular 6 以後，Angular CLI 預設所建立的服務，會設定 @Injectable 裝飾器的 providedIn 屬性為 root，來告訴 Angular 把服務實體註冊到根模組注入器中，如此一來整個應用程式都可以使用該服務。

另一種的注入器則是 Angular 為每一個 DOM 元素所隱含建立的元素注入器（Element Injector），我們會設定在 @Component 裝飾器的 providers 屬性陣列內，來讓 Angular 為每一個元件註冊不同的服務實體。

6.1.4 水平元件間的互動

透過 Angular 服務在模組內只有會有一個實體的獨體（Singleton）設計，我們就可以利用服務來連接多個獨立元件，讓元件之間可以進行互動。

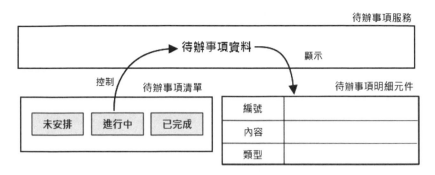

圖 6-7 利用服務連接兩個獨立元件

例如，我們可以把上一章用來顯示待辦事項明細封裝成明細元件（TaskDetailComponent），利用待辦事項服務取得所需要的資訊。

首先，待辦事項的清單與各項處理都會由待辦事項的服務負責；因此把 AppComponent 內設定狀態移至服務內，讓點選頁面設定待辦事項狀態按鈕時，呼叫待辦事項服務的設定方法。

HTML	app.component.html

```html
1  <app-task (stateChange)="taskService.setState(task.id, $event)"></app-task>
```

TypeScript	task.service.ts

```typescript
1  @Injectable({ providedIn: 'root' })
2  export class TaskService {
3    getTask(id: number): Task {
4      return this.tasks.find((task) => task.id === id)!;
5    }
6    setState(id: number, state: 'None' | 'Doing' | 'Finish'): void {
7      ...
8    }
9  }
```

接著，在明細元件內注入待辦事項服務，就可以利用此服務的 **getTask()** 方法，取得指定編號的待辦事項，並顯示在頁面上。如此一來，我們就利用 Angular 服務來串連了三個獨立的元件。

```typescript
1   export class TaskDetailComponent implements OnChanges {
2     private taskService = inject(TaskService);
3
4     @Input() id!: number;
7     task?: Task;
8
9     ngOnChanges(changes: SimpleChanges): void {
10      if (changes['id']) {
11        this.task = this.taskService.getTask(this.id);
12      }
13    }
14  }
```

TypeScript	task-detail.component.ts

範例 6-4 - 水平元件間互動範例程式

https://stackblitz.com/edit/ng-book-v2-service-interaction

圖 6-8

▶ 6.2 利用提供者設定抽換服務

依SOLID 原則中的開放封閉原則（Open-Closed Principle, OCP），當遇到需求變更的時候，盡可能地以加入新的程式為開發手段，而減少修改既有的程式的機會；如此才可以降低改 A 壞 B 的狀況的發生，也可以避免進行較大範圍的測試。這一節會說明在 Angular 應用程式中，幾種設定模組或元件的提供者的方式，來依照需求抽換成不同的服務。

本節目標

▶ 利用 useClass、useExisting、useValue 與 useFactory 四種設定來替換服務

▶ 服務抽換的範圍

6.2.1 利用 useClass 抽換服務

目前我們已經建立一個待辦事項服務（TaskService），並且把清單資料放在該服務內。當某一天需求變更成需要從 JSON 檔案中取得待辦事項的資料時，除了直接修改原本的服務，也可以把新需求寫在另一個服務（TaskJsonService）中。

```typescript
// task-json.service.ts
export class TaskJsonService {
  getTask(id: number): Task {
    console.log('從 JSON 取得資料');
    return new Task();
  }

  getTasks(): Task[] {
    console.log('從 JSON 取得資料');
    return [];
  }
}
```

然後，在 AppMoulde 裡的 providers 屬性內，利用 useClass 方法直接抽換掉原本的待辦事項服務。這樣的做法在針對不易於維護的應用程式，可以降低變更後的影響程度。

```typescript
// app.module.ts
@NgModule({
  providers: [{ provide: TaskService, useClass: TaskJsonService }]
})
```

範例 6-5 - useClass 提供者設定範例程式
https://stackblitz.com/edit/ng-book-v2-provider-class

圖 6-9

6.2.2 利用 useExisting 抽換服務

Angular 還提供 useExisting 的設定方式來抽換服務，這種方式與 useClass 相似，不同的地方在於利用 useExisting 指定時，並不會建立新的實體，而會去使用目前已存在的實體，如果不存在任何實體就會拋出例外。一般會使用這種指定方式來減少被重覆建立的實體。

```typescript
// app.module.ts
1    providers: [
2      { provide: TaskService, useExisting: TaskJsonService },
3      TaskJsonService
4    ],
```

6.2.3 利用 useValue 抽象服務

除了利用 useClass 來替換服務類別，Angular 也允許透過 useValue 的方式將物件實體抽換掉服務類別。

```typescript
// app.module.ts
1    const taskSpyService = {
2      getTask: () => {
```

```
3        console.log('這是一個假的服務');
4        return new Task();
5      },
6    getTasks: () => {
7        console.log('這是一個假的服務');
8        return [];
9      },
10   };
11
12   @NgModule({
13     providers: [{provide: TaskService, useValue: taskSpyService}],
14   })
```

這種方式除了會使用在應用程式來抽換服務外,也常用在撰寫單元測驗程式中,透過建立間諜(Spy)物件來摸擬所需要測試的情境,減少為每個測試情境都建立不同的服務類別。

範例 6-6 - useValue 提供者設定範例程式碼

https://stackblitz.com/edit/ng-book-v2-provider-value

圖 6-10

6.2.4 利用 useFactory 抽換服務

然而,真實世界的需求永遠不會這麼簡單,例如,若應用程式要進入測試環境時,使用從 JSON 取得待辦事件資料,若正式上線後,則要從遠端服務取得。面對這樣子的需求,我們同樣地可以建立一個負責從後端取得資料

的服務（TaskRemoteService）再利用 useFactory 來依不同的環境設定決定
使用的待辦事項服務。

```typescript
1    {
2      provide: TaskService,
3      useFactory: (environment: { production: boolean }) => {
4        return environment.production
5          ? new TaskRemoteService()
6          : new TaskJsonService();
7      },
8      deps: ['environment'],
9    },
```

TypeScript — app.module.ts

useFactory 是指定一個函式，我們可以在利用這個函式利用條件判斷來回
傳不同的待辦事項服務。另外，如果我們需要使用到其他服務來做條件判
斷，或是注入到待辦事項服務內，則會如上面程式將外部服務指定在 deps
屬性陣列中。

範例 6-7 - useFactory 提供者設定範例程式
https://stackblitz.com/edit/ng-book-v2-provider-factory

圖 6-11

在 Angular 14 也可以在 useFactory 的函式內直接使用 inject 函式來取得注
入實體。

```typescript
TypeScript                                    app.module.ts
1    {
2      provide: TaskService,
3      useFactory: () => {
4        const httpClient = inject(HttpClient);
5        ...
6      }
7    }
```

6.2.5 提供者範圍

先前的範例都是在 AppModule 裡設定需要抽換的服務，由於 AppModule 是 Angular 應用程式的根模組，因此讓此服務的實體，在整個應用程式中都會使用到 AppModule 所定義的抽換對象。我們也可以將服務的抽換設定在特定模組中，讓抽換的範圍限制在指定的模組中。

```typescript
TypeScript                                custom.component.ts
1    @Component({
2      ...
3      providers: [
4        { provide: TaskService, useValue: { ... } }
5      ]
6    })
```

除此之外，在指令與元件的裝飾器也有 providers 屬性，如上面程式一樣，在此屬性中定義服務的抽換，就可以讓 CustomComponent 內使用自訂的服務，而在其他的元件中則使用原本的服務。

▶ 6.3 自訂提供者令牌

Angular 利用依賴注入令牌（DI token）作為主鍵，用來對應著提供者集合。如上一節所說明的，我們可以利用令牌來決定應用程式執行過程中，所要注入的指令、元件或服務的實體。這一節會說明如何利用不同類型的令牌，讓整個 Angluar 應用程式有更大的抽換靈活度。

本節目標

▶ 設定與使用不同類型的依賴注入令牌

▶ 相同令牌設定多個不同的提供者

6.3.1 類別類型的令牌

在上一節裡我們設定 @NgModule 裝飾器的 providers 屬性陣列來抽換服務實體，而在配置物件中的 provide 屬性就是依賴注入令牌。如同先前的範例，我們可以把元件或是服務的類別作為一個令牌，來決定在模組或元件的範圍內實際所注入的元件或服務實體。

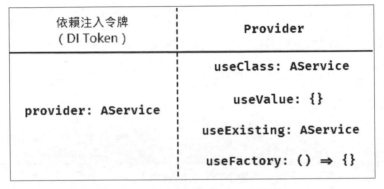

圖 6-12 依賴注入令牌與提供者

6.3.2 字串類型的令牌

除了類別之外，我們也可以把字串設定為令牌。例如，我們在上一章需要依照部署環境決定待辦事項服務的範例，就可以如下面程式，以字串類型的方式來定義環境變數的資訊。

```typescript
                                                              app.module.ts
1   import { environment } from '../environments/environment';

2

3   @NgModule({

4     providers: [{ provide: 'environment', useValue: environment }],

5   })
```

在使用上則會利用 @Inject 裝飾器來注入環境變數。

```typescript
task-remote.ts
1    constructor(
2      @Inject('environment') public environment: { apiUrl: string }
3    ) {}
```

順帶一提，目前 inject 函式不支援取得這種字串類型的令牌。

範例 6-8 - 字串類型令牌範例程式

https://stackblitz.com/edit/ng-book-v2-di-token-string

圖 6-13

6.3.3 InjectionToken 令牌

實務上為了因應不同的需求情境，我們可能會設計出一個組態類別，在不同環境或情境中配置不同的組態設定；又或者為應用程式定義各種的服務介面，讓元件實際上是相依於服務介面，而服務實體則是決定在模組或元件的提供者設定中。此時就可以建立 InjectionToken 型別變數來產生一個令牌。

例如，我們為待辦事項服務建立一個服務介面：

```typescript
task.interface.ts
1    export interface ITaskService {
2      getTask(id: number): Task;
```

```
3        getTasks(): Task[];
4        setState(id: number, state: 'None' | 'Doing' | 'Finish'): void;
5    }
```

並讓待辦事項服務去實作這個介面：

TypeScript　　　　　　　　　　　　　　　　　　　**task.service.ts**

```
1    @Injectable({ providedIn: 'root' })
2    export class TaskService implements ITaskService { ... }
```

最後就可以建立 InjectionToken 泛型型別變數來定義一個令牌。這個型別的建構式中，會指定 InjectionToken 變數的描述文字。

TypeScript　　　　　　　　　　　　　　　　　　　**task.interface.ts**

```
1    export const TaskServiceToken =
2        new InjectionToken<ITaskService>('Task Service');
```

如此一來，就可以利用這個變數來設定提供者。

TypeScript　　　　　　　　　　　　　　　　　　　**app.module.ts**

```
1    { provide: TaskServiceToken, useClass: TaskService }
```

而在使用上，則一樣利用 @Inject 裝飾器來注入這個令牌。

TypeScript　　　　　　　　　　　　　　　　　　　**app.component.ts**

```
1    constructor(
2      @Inject(TaskServiceToken) private taskService: ITaskService
3    ) {}
```

或是如下面程式，利用 inject 函式來取得注入的令牌實體。

TypeScript   **app.component.ts**

```
1    taskService = inject(TaskServiceToken);
```

利用這樣子的做法，我們就可以讓元件直接依賴著抽象介面，而非實作商業邏輯的實體對象，進一步符合了 SOLID 原則中的介面隔離原則（Interface Segregation Principles ISP）。

範例 6-9 - InjectionToken 類型令牌範例程式

https://stackblitz.com/edit/ng-book-v2-di-token-injection

圖 6-14

6.3.4 相同令牌指定多種提供者

在 Angular 應用程式中，當我們針對同一個令牌指定了多個提供者時，愈後面設定的提供者會取代先前的設定。如下面程式中，TaskRemoteService 就會取代了 TaskJsonService，為使用時所注入的服務實體。

TypeScript   **app.module.ts**

```
1    { provide: TaskSerivceToken, useClass: TaskJsonService },
2    { provide: TaskSerivceToken, useClass: TaskRemoteService }
```

不過，在提供者的設定中也可以利用 multi 屬性，來通知 Angular 這個令牌會設定多個提供者。

TypeScript	app.module.ts

```
1    { provide: 'taskJson', useValue: 'task-a.json', multi: true }
```

如上面程式針對待辦事項 JSON 檔案定義上，在使用上所注入的型別就會是陣列。

TypeScript	task-json.service

```
1    constructor(@Inject('taskJson') private files: string[]) {}
```

範例 6-10 - 相同令牌多個提供者範例程式

https://stackblitz.com/edit/ng-book-v2-di-token-mutli

圖 6-15

然而，若使用 inject 函式取得設定 multi 為 true 的令牌時，TypeScript 會依令牌的型別進行推論。此時，在 inject 函式指定確切的型別來避免推論錯誤。

TypeScript	task-json.service.ts

```
1    import { inject, Injectable, InjectionToken } from '@angular/core';
2
3    export const taskJson = new InjectionToken<string>('Task json file');
4
5    @Injectable({
6      providedIn: 'root',
7    })
8    export class I18nService {
```

```
9       // 下行程式 TypeScript 會將 folders 推論為 string
10      // public files = inject(taskJson);
11      files = inject<string[]>(taskJson);
12    }
```

範例 6-11 - 使用 inject 函式指定明確型別範例程式

https://stackblitz.com/edit/ng-book-v2-di-token-multi-inject

圖 6-16

▶ 6.4 遠端資料的取得

實務上服務除了用來封裝商業邏輯之外，也很常用來封裝從遠端取得資料的處理邏輯。本節會說明 Angular 應用程式如何 HttpClient 跟遠端服務取得資料。為了模擬遠端的服務，這一節的部份範例會使用 json-server 套件，若要在自行在電腦練習的讀者需要先利用 `npm i json-server -D` 下載此套件。

本節目標

▶ 如何利用 `HttpClient` 向遠端程式存取資料

▶ 如何使用 `Async` 管道

▶ 如何利用 `HttpInerceptort` 變更遠端請求

6.4.1 利用 HttpClient 取得遠端資料

在 Angular 應用程式中，會利用 HttpClient 內的方法來與遠端服務溝通，在匯入 HttpClientModule 模組後，就可以在建構式注入實體。

TypeScript

```
1    constructor(private httpClient: HttpClient) {}
```

或是利用 inject 函式取得 HttpClient 實體：

TypeScript

```
1    private httpClient = inject(HttpClient);
```

HttpClient 的方法會以非同步方式發出 HTTP 請求，所回傳的資料型別會是可觀察物件（Observable），我們可以透過 subscribe() 方法來訂閱這個物件，來監控此物件值的變化，並且定義當它傳出新值、拋出例外或完成等時間點所應執行的作業方法，進一步可以利用 RxJS 運算子來調整回傳資料的內容。需注意的是，透過 HttpClient 發送的 HTTP 請求都是延遲的，必須呼叫 subscribe() 方法才會被執行。

當我們要從遠端取得工作事項的 JSON 資料，就可以使用 get() 方法實作，而這個方法的第一個參數會指定目標遠端服務的位置。順帶一提，在實務上要透過 HttpClient 對遠端服務發送請求時，建議使用泛型的請求方法來指定明確的資料介面或類別。

TypeScript	task-json.service.ts

```
1    // 需要修改待辦事項服務介面與注入實體
2    export class TaskJsonService implements ITaskService {
3      private readonly url = '/assets/tasks.json';
```

```
4       private httpClient = inject(HttpClient);

5

6       getTasks(): Observable<Task[]> {

7         return this.httpClient.get<Task[]>(this.url);

8       }

9     }
```

如此一來，在 AppComponent 就需要修改成利用 subscribe() 方法取得待辦事項資料。

TypeScript	app.component.ts

```
1     ngOnInit(): void {

2       this.taskService.getTasks().subscribe((tasks) => (this.tasks = tasks));

3     }
```

範例 6-12 - HttpClient 資料取得範例程式

https://stackblitz.com/edit/ng-book-v2-http-client-get

圖 6-17

HttpClient 方法第二個選項參數的 responseType 屬性預設為 json，讓 HttpClient 反序列化從遠端回傳的資料；而透過型別的指定，可以讓 TypeScript 在編譯時進行型別的推斷。不過 HttpClient 的方法無法自動把回傳的物件轉換成特定類別的實體，所以其值型別只會是一般的物件（Object）；若要轉換成特定類型實體，就需要使用 RxJS 的 map 運算子來進行轉換。

```typescript
task-json.service.ts
1  getTasks(): Observable<Task[]> {
2    return this.httpClient.get<Task[]>(this.url).pipe(
3      map(tasks => tasks.map((task) => new Task(task)))
4    );
5  }
```

範例 6-13 - HttpClient 資料取得後轉換類別實體範例程式

https://stackblitz.com/edit/ng-book-v2-http-client-get-map

圖 6-18

如果希望取得遠端服務回傳的原始內容，就如下面程式，把 responseType 屬性設定為 text。

```typescript
TypeScript
1  this.http.get(url, { responseType: 'text' });
```

範例 6-14 - HttpClient 資料取得遠端服務原始資料範例程式

https://stackblitz.com/edit/ng-book-v2-http-client-get-text

圖 6-19

另外，如果要從遠端服務下載檔案則會把 responseType 屬性設定為 blob。

```TypeScript
1    this.httpClient.get<Blob>(this.url, { responseType: 'blob' });
```

> ⏰ **responseType 指定問題**
>
> 由於 responseType 的型別是字串的聯合型別，若把此參數指定為 json 以外
> 的值時，會因為 TypeScript 把該值推斷為字串而出現錯誤，此時只要利用
> as 進行轉型即可，因此會改寫成 `{ responseType: 'blob' as 'json' }`。

除此之外，我們還可以將選項參數的 observe 屬性設定為 response（預設值
為 body），來取得 HTTP 狀態碼與回應標頭等資訊。

```TypeScript
1    // 回傳型別為 Observable<HttpResponse<Task[]>>
2    this.httpClient.get<Task[]>(this.url, { observe: 'response' });
```

範例 6-15 - HttpClient 取得 HTTP 狀態碼與回應標頭範例
程式

https://stackblitz.com/edit/ng-book-v2-http-client-response

圖 6-20

observe 屬性最後一個設定值 event，則可以讓我們取得發送遠端請求
的過程，進一步透過 HttpEvent 的 type 屬性值來做對應的處理。若將
reportProgress 屬性設定為 true，則可以取得較完整的過程資訊。

TypeScript

```
1    // 回傳型別為 HttpEvent<Task[]>
2    this.httpClient.get<Task[]>(url, { observe: 'event', reportProgree: true });
```

範例 6-16 - HttpClient 執行事件範例程式

https://stackblitz.com/edit/ng-book-v2-http-client-event

圖 6-21

6.4.2 利用 AsyncPipe 管道顯示可監控的資料

當資料從遠端服務取得之後，Angular 提供了 AsyncPipe 可以讓我們訂閱與取消訂閱傳回來的 Observable 物件。例如，我們可以把先前章節的工作事項範例，利用一個 Observable 屬性，直接接收從服務傳回的資料。

TypeScript   **app.component.ts**

```
1    tasks$!: Observable<Task[]>;
2    ngOnInit(): void {
3      this.tasks$ = this.taskService.getList();
4    }
```

> ⏰ **可監控變數的命名習慣**
>
> 在宣告可以被監控的變數時，為了區別元件內的一般變數，習慣上會以錢字符號（$）做為結尾。

在頁面範本上就可以利用 AsyncPipe 訂閱 task$ 屬性。

```html
1   <ng-container *ngIf="tasks$ | async; then list; else empty"></ng-container>
2
3   <ng-template #list>
4     <app-task
5       *ngFor="let task of tasks$ | async; let odd = odd"
6       [class.odd]="odd"
7       [task]="task"
8     ></app-task>
9   </ng-template>
```

Name	Met...	Status	Type	Initiator	Size	Time	Waterfall	▲
tasks.json /assets	GET	200 OK	xhr	zone.js:28... Script	505 B 215 B	2 ms 2 ms		
tasks.json /assets	GET	200 OK	xhr	zone.js:28... Script	505 B 215 B	4 ms 3 ms		
info?t=163711781... /sockjs-node	GET	200 OK	xhr	zone.js:28... Script	391 B 79 B	3 ms 2 ms		
dropArea.html cbnaodkpfinfiipjbl...	GET	200 OK	xhr	content s... Script	89 B 89 B	16 ms 14 ms		

圖 6-22 重覆發送遠端請求

不過開啟開發者工具可以發現（圖 6-22），因為我們在頁面範本中使用了兩次 AsyncPipe，所以會發送出兩次 Http 請求，進而增加了遠端服務的壓力。

範例 6-17 - AsyncPipe 範例程式

https://stackblitz.com/edit/ng-book-v2-async-pipe

圖 6-23

要解決這個問題，除了可以利用 RxJS 的 share 或 shareRelay 運算子之外，也可以透過 AsyncPipe 後加入 as 關鍵字來建立範本區域變數，來記錄遠端傳回的清單資料。

```html
HTML                                              app.component.html
1  <ng-container *ngIf="tasks$ | async as tasks; else empty">
2    <app-task
3      *ngFor="let task of tasks; let odd = odd"
4      [class.odd]="odd"
5      [task]="task"
6    ></app-task>
7  </ng-container>
```

Name	Met...	Status	Type	Initiator	Size	Time	Waterfall
☐ tasks.json /assets	GET	200 OK	xhr	zone.js:28... Script	505 B 215 B	5 ms 2 ms	
☐ info?t=163711921... /sockjs-node	GET	200 OK	xhr	zone.js:28... Script	391 B 79 B	161 ... 157 ...	
☐ dropArea.html cbnaodkpfinfiipjbl...	GET	200 OK	xhr	content s... Script	89 B 89 B	2 ms 2 ms	

圖 6-24 搭配 as 關鍵字避免重覆發送遠端請求

範例 6-18 - AsyncPipe as 範例程式

https://stackblitz.com/edit/ng-book-v2-async-pipe-as

圖 6-25

一般而言，我們在訂閱 Observable 物件時，如果 Observable 物件狀態不是完成（compelete）的話就會一直存在，需要在離開程式的時候，手動執行 unsubscription() 方法來取消訂閱，否則會一直在記憶體裡面，甚至發生重覆訂閱而導致重覆執行相同的程式。如果使用 AsyncPipe 的話，就會自動處理這些訂閱與取消訂閱的工作。

```typescript
// TypeScript                          timer.component.ts
1    subscription!: Subscription;
2
3    ngOnInit(): void {
4      this.subscription = interval(1000).subscribe({
5        next: (count) => { ... }
6      });
7    }
8
9    ngOnDestroy(): void {
10     this.subscription.unsubscribe();
11   }
```

啟用 TimerComponent	timer.component.ts:17
時間 = 0	timer.component.ts:19
時間 = 1	timer.component.ts:19
時間 = 2	timer.component.ts:19
時間 = 3	timer.component.ts:19
銷毀 TimerComponent	timer.component.ts:25
時間 = 4　　元件銷毀後訂閱還是持續執行	timer.component.ts:19
時間 = 5	timer.component.ts:19
時間 = 6	timer.component.ts:19
啟用 TimerComponent	timer.component.ts:17
時間 = 7	timer.component.ts:19
時間 = 0　　再次啟用元件時，就會發生重覆執行	timer.component.ts:19
時間 = 8	timer.component.ts:19
時間 = 1	timer.component.ts:19
時間 = 9	timer.component.ts:19

圖 6-26　未取消訂閱發生重覆執行狀況

範例 6-19 - 取消訂閱範例程式碼

https://stackblitz.com/edit/ng-book-v2-observable-unsubscribe

圖 6-27

在 Angular 16 中，除了自行在元件銷毀的生命週期取消訂閱外，也可以如下面程式，利用 Angular 提供的 takeUntilDestroyed 方法來取消訂閱。

TypeScript	timer.component.ts

```
1    import { takeUntilDestroyed } from '@angular/core/rxjs-interop';

2

3    constructor() {
4      interval(1000)
5        .pipe(takeUntilDestroyed())
```

```
6        .subscribe({ ... });
7    }
```

由於 takeUntilDestroyed 方法內部使用 inject 函式取得 DestroyRef 實體，
因而需要使用在建構式中。若希望在其他方式下使用，則可以自行取得
DestroyRef 實體，並傳入 takeUntilDestroyed 方法內。

TypeScript	timer.component.ts

```
1    private readonly destroyRef = inject(DestroyRef);
2
3    ngOnInit() {
4      interval(1000)
5        .pipe(takeUntilDestroyed(this.destroyRef))
6        .subscribe({ ... });
7    }
```

6.4.3 利用 HttpParams 設定查詢字串

在呼叫遠端服務時，常會在使用 URL 的查詢字串來增加查詢條件的指定
方式，此時就可以建立一 HttpParams 物件，並指定選項參數的 params 屬性
中。在下面程式中，我們改用待辦事項遠端服務（TaskRemoteService）透過
json-server[1] 套件提供的 API 進行實作。

---

1 json-server 相關使用方式可參考：https://github.com/typicode/json-server

```typescript
TypeScript                                    task-remote.service.ts
1    getTasks(state?: 'None' | 'Doing' | 'Finish'): Observable<Task[]> {
2      const option = state
3        ? { params: new HttpParams().set('state', state) }
4        : {};
5      return this.httpClient.get<Task[]>(this.url, option)
7        .pipe(map((tasks) => tasks.map((task) => new Task(task))));
8    }
```

由於此物件是不可以變動的，需要透過其 set 方法來更新所需要的參數資訊。如此一來，在發送 HTTP 請求時，就會如圖 6-28 所示，在服務路徑後加入查詢字串。

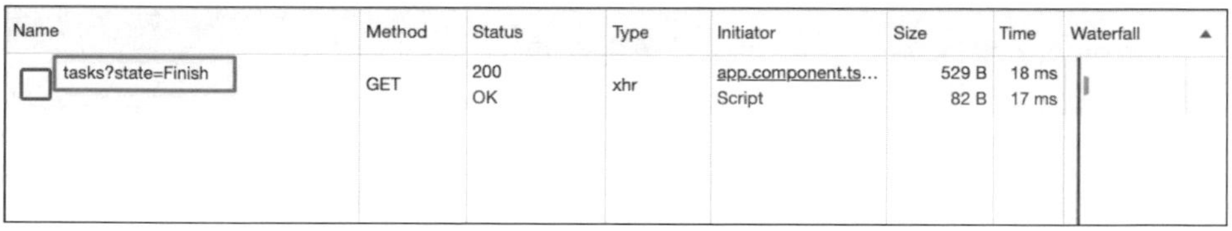

Name	Method	Status	Type	Initiator	Size	Time	Waterfall ▲
tasks?state=Finish	GET	200 OK	xhr	app.component.ts… Script	529 B 82 B	18 ms 17 ms	

圖 6-28 發送含有查詢字串的 HTTP 請求

除了利用 set() 方法，也可以在建立 HttpParams 物件時，指定 fromString 或 fromObject 屬性，讓我們可以利用查詢字串或物件設定所需的參數資訊。

```typescript
TypeScript                                    task-remote.service.ts
1    getTasks(state?: string): Observable<Task[]> {
2      const option = state
3        ? { params: new HttpParams({ fromString: `state=${state}` }) }
4        : {};
5      ...
6    }
```

```
TypeScript                                    task-remote.service.ts
1    getTasks(state?: string): Observable<Task[]> {
2      const option = state
3        ? { params: new HttpParams({ fromObject: { state } }) }
4        : {};
5      ...
6    }
```

> ⏰ **執行應用程式前需要啟動 json-server**
>
> 因為範例程式利用 json-server 套件模擬遠端服務，所以需要執行
> `npx json-server src/assets/db.json` 命令來啟動 json-server 服務。而
> 在 Stackblitz 中已設定先啟動 json-server 服務，故需要使用新的終端機
> （Terminal）執行 yarn start 來啟動應用程式。

範例 6-20 - 利用 `HttpParams` 物件設定查詢字串範例程式
https://stackblitz.com/edit/ng-book-v2-http-client-query-string

圖 6-29

6.4.4 利用 HttpClient 把資料傳到遠端服務

當我們需要傳遞資料到遠端服務時，可以利用 `HttpClient` 的 `post()` 方法，
把要傳至遠端服務的資料指定在第二個參數。

```
TypeScript
1    this.http.post<Task[]>(url, tasks);
```

與 get() 方法一樣，post() 方法的第三個選項參數的 responseType 屬性預設為 json，所以 HttpClient 會序列化傳到遠端的資料。另外，選項參數的 headers 屬性則可以讓我們自訂 Http 的請求標頭。例如，我們希望用 json 的格式傳遞資料，就可以寫成：

```TypeScript
1   const options = {
2     headers: new HttpHeaders({
3       'Content-Type': 'application/json'
4     });
5   };
6   this.http.post<Task[]>(url, tasks, options);
```

HttpClient 除了提供 post() 方法來發起 HTTP 的 POST 請求，以便實作資料的新增作業，還有 put()、petch() 與 delete() 等對應於 HTTP 請求的 PUT、PATCH、DELETE 等請求方法，請我們可以依不同的需求來與遠端服務進行溝通。

範例 6-21 - 利用 HttpClient 把資料傳到遠端服務範例程式
https://stackblitz.com/edit/ng-book-v2-http-client-post

圖 6-30

6.4.5 利用 HTTP_INTERCEPTORS 攔截請求

在發送 HTTP 請求的時候，Angular 還提供了攔截器（Interceptor）的機制，讓我們可以攔截 HTTP 請求，依需求做其他的處理。

我們可以利用 Angular CLI 來建立 Angluar 的攔截器，在 Terminal 終端機中執行下面命令：

```
$ ng generate interceptor 元件名稱 [參數]
```

```
> ng generate interceptor noop
CREATE src/app/noop.interceptor.spec.ts (476 bytes)
CREATE src/app/noop.interceptor.ts (149 bytes)
```

圖 6-31 利用 Angular CLI 設定攔截器

如下面程式，這個攔截器是一個可注入的服務，且會去實作 HttpInterceptor 介面，我們把需要處理的邏輯寫在 intercept() 方法就可以了。

```typescript
// TypeScript                                    noop.interceptor.ts
1    @Injectable()
2    export class NoopInterceptor implements HttpInterceptor {
3      intercept(request: HttpRequest<unknown>, next: HttpHandler):
     Observable<HttpEvent<unknown>> {
4        return next.handle(request);
5      }
6    }
```

例如，我們需要在每次請求前都要加入驗證資訊，那就可以建立一個 AuthInterceptor 並在其內加入所需的驗證資訊，如此一來就不需要在每次呼叫 HttpClient 方法時重覆去設定。

```typescript
                                                auth.interceptor.ts
1    @Injectable()
2    export class AuthInterceptor implements HttpInterceptor {
3      public intercept(req: HttpRequest<unknown>, next: HttpHandler):
     Observable<HttpEvent<unknown>> {
4        const newReq = req.clone({
5          setHeaders: { 'Authorization': '' }
6        });
7        return next.handle(newReq);
8      }
9    }
```

intercept() 方法會傳入兩個參數，第一個是當下的請求資訊，為一 HttpRequest 物件實體，此物件的屬性都是唯讀的，如上面程式，會利用 clone() 方法複製 HttpRequest 物件，同時加入 Authorization 的標題資訊。而第二個參數則是代表下一個攔截器，透過呼叫 headle() 方法來串聯執行到下一個攔截器，最後串聯到 HttpClient 的後端處理器（backend handler），由它來發送與接收遠端服務的請求與回應。

```typescript
                                                      app.module.ts
1    {
2      provide: HTTP_INTERCEPTORS,
3      useClass: AuthInterceptor,
4      multi: true
5    }
```

最後只要設定 HTTP_INTERCEPTORS 令牌的提供者，就可以讓 Angular 使用我們自訂的攔截器。從上面程式可以看到，整個應用程式中的 HTTP_INTERCEPTORS 令牌會有多個提供者，而 Angular 會依提供者定義的順序來

執行每一個攔截器,因此官方建議可以將所有的攔截器設定在同一個檔案
中,來方便的管理定義的順序。

範例 6-22 - HttpInterceptors 範例程式

https://stackblitz.com/edit/ng-book-v2-http-interceptor

圖 6-32

實務上,在發送 HTTP 請求時,可能會發生如找不到資源的 404 錯誤碼,
或是使用者權限不足的 403 錯誤等等而失敗。這時候常會如下面程式,在
發送 HTTP 請求時使用 RxJS 運算子來取得錯誤資訊,進一步透過應用程式
的訊息服務來通知使用者此錯誤訊息。

```typescript
// TypeScript                                    task-remote.service.ts
1    getTasks(): Observable<Task[]> {
2      return this.http.get<Task[]>(this.url).pipe(
4      ...
5        catchError((error: HttpErrorResponse) => {
6          if (error.status === 404) {
7            this.messageService.push(`找不到遠端服務資源`);
8          } else if (error.status === 403) {
9            this.messageService.push(`使用者驗證不足`);
10         } else {
11           this.messageService.push(`發生未知請求錯誤`);
12         }
13         return [];
14       })
15     );
16   }
```

範例 6-23 - `HttpClient` 請求錯誤處理範例程式

https://stackblitz.com/edit/ng-book-v2-http-error-handle

圖 6-33

同樣地，也可以利用攔截器來實作 HTTP 請求錯誤處理，如下面程式，我們將錯誤訊息取得的程式移到攔截器內，就可以讓應用程式中所有的 HTTP 請求發送失敗時通知使用者。

TypeScript	error-handle.interceptor.ts

```typescript
1    @Injectable()
2    export class ErrorHandleInterceptor implements HttpInterceptor {
3      private messageService = inject(MessageService);
4
5      public intercept(req: HttpRequest<unknown>, next: HttpHandler):
     Observable<HttpEvent<unknown>> {
6        return next.handle(req).pipe(
7          catchError((error: HttpErrorResponse) => {
8            ...
9            return [];
10         })
11       );
12     }
13   }
```

範例 6-24 - 錯誤處理攔截器範例程式
https://stackblitz.com/edit/ng-book-v2-http-error-interceptor

圖 6-34

6.4.6 利用 HttpContext 傳遞資料

透過攔截器可以很容易的在 HTTP 請求前後擴充額外的作業，Angular 還提供了 HttpContext 令牌，讓我們可以傳遞資料到攔截器，以更細緻的控制所要擴充的作業。

例如，在前一節所實作的驗證資訊的攔截器（AuthInterceptor）中，我們希望可以決定哪些請求才加入驗證標頭，就可以透過 HttpContext 令牌來實作。

TypeScript	auth-context.token.ts

```
1    export const useAuthHeader = new HttpContextToken<boolean>(() => true);
```

首先，如上面程式，定義所需要的 HttpContext 令牌，這個令牌的建構式中會利用函式方式指定預設值。然後，在發送 HTTP 請求的時候，就可以建立 HttpContext 物件，依需求設定 HttpContext 令牌的值，並指定在 get() 或 post() 方法的選項參數的 context 屬性中。

TypeScript	auth-context.token.ts

```
1    getTasks(state?: 'None' | 'Doing' | 'Finish'): Observable<Task[]> {
2      const context = new HttpContext().set(useAuthHeader, false);
3      const option = state
```

```
4          ? { params: new HttpParams({ fromObject: { state } }), context }
5          : { context };
6      ...
7      }
```

最後，在自訂的攔截器中就可以透過 HttpRequest 取得傳遞過來的
HttpContext 令牌，進而依此令牌的值處理所擴充的作業。

```
TypeScript                                              auth.interceptor.ts
1      @Injectable()
2      export class AuthInterceptor implements HttpInterceptor {
3        public intercept(req: HttpRequest<unknown>, next: HttpHandler):
         Observable<HttpEvent<unknown>> {
4          if (req.context.get(useAuthHeader)) {
5            const newReq = req.clone({
6              setHeaders: { Authorization: 'token' },
7            });
8            return next.handle(newReq);
9          } else {
10           return next.handle(req);
11         }
12       }
13     }
```

範例 6-25 - HttpContext 令牌範例程式

https://stackblitz.com/edit/ng-book-v2-http-context

圖 6-35

6-43

▶ 6.5 Angular 內建注入裝飾器

Angular 除了提供 @Inject() 裝飾器來注入自訂的令牌，也提供了其他的裝飾器來實作不同注入的情境。這一節就來說明 Angular 針對依賴注入所內建的裝飾器。

本節目標

▶ 如何決定解析注入的位置

▶ 如何注入可有可無的對象

6.5.1 改變服務實體取得的注入器起訖位置 – @Self() / @SkipSelf()

Angular 在取得注入實體時，預設上會從當前位置向外層搜尋至根模組。我們也可以透過裝飾器來限制 Angular 找尋的起訖位置。

我們可以利用 @SkipSelft() 裝飾器，來讓 Angular 忽略當下的元素注入器的提供者定義，從父元素注入器開始搜尋。

TypeScript	confirm-message.token.ts

```
1    export const ConfirmMessageToken = new InjectionToken<string>
     ('Confirm Message Token');
```

例如，我們將刪除待辦事項時的訊息改成透過 ConfirmMessageToken 的注入令牌決定，並建立待辦事項清單元件（TaskListComponent）來負責處理清單的顯示，因而變成如圖 6-36 所示的元件使用狀態。

圖 6-36 修正後元件關係示意圖

TypeScript	task.component.ts

```
1    constructor(
2      @SkipSelf() @Inject(ConfirmMessageToken)
3      public confirmMessage: string
4    ) {}
```

如上面程式，我們可以在待辦事項元件內利用 @SkipSelf() 裝飾器來注入確認訊息，並且分別在待辦事項元件中設定此令牌的提供者。

```typescript
@Component({
  ...
  providers: [
    {
      provide: ConfirmMessageToken,
      useValue: '是否確認刪除待辦事項? (Task)'
    },
  ],
})
```
TypeScript — task.component.ts

```typescript
@Component({
  ...
  providers: [
    {
      provide: ConfirmMessageToken,
      useValue: '是否確認刪除待辦事項? (TaskList)'
    },
  ],
})
```
TypeScript — task-list.component.ts

如圖 6-37 所示，Angular 會忽略掉 TaskComponent 所設定的提供者，從使用它的父元件（TaskListComponent）開始尋找提供者。

圖 6-37 使用 SkipSelf 裝飾器程式結果

若要使用 inject 函式，則會設定第二個參數中的 skipSelf 屬性。

```typescript
1    confirmMessage = inject(ConfirmMessageToken, { skipSelf: true });
```

TypeScript   task.component.ts

範例 6-26 - @SkipSelf 裝飾器範例程式

https://stackblitz.com/edit/ng-book-v2-skip-self-decorator

圖 6-38

與 SkipSelf() 裝飾器相反，我們可以利用 Self() 裝飾器來讓 Angular 只能依當下的元素注入器為注入實體。我們把上面的範例，把注入訊息的 SkipSelf() 裝飾器改用 Self() 裝飾器。如此一來，Angular 只會使用待辦事項元件（TaskComponent）所設定的確認訊息提供者（圖 6-39）。

TypeScript	task.component.ts

```
1    constructor(
2      @Self() @Inject(ConfirmMessageToken)
3      public confirmMessage: string
4    ) {}
```

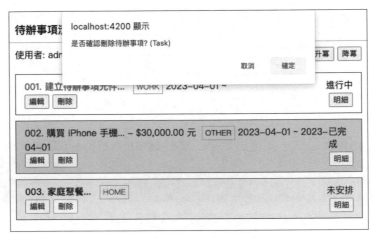

圖 6-39 使用 Self 裝飾器程式結果

同樣的，若要使用 inject 函式就可指定第二個參數中的 self 屬性。

TypeScript	task.component.ts

```
1    confirmMessage = inject(ConfirmMessageToken, { self: true });
```

範例 6-27 - @Self 裝飾器範例程式

https://stackblitz.com/edit/ng-book-v2-self-decorator

圖 6-40

6.5.2 選擇性的注入 – @Optional()

Angular 在處理依賴注入時，會從元件所屬的注入器往上層元件或模組進行
搜尋，當遇到找不到所指定的服務實體時，預設會拋出例外錯誤。例如在
上一節的範例中，若我們把待辦事項元件內的提供者刪除，就會出現如圖
6-41 的錯誤訊息。

```
⊗ ▶ERROR Error: NG0201: No provider for InjectionToken Confirm Message Token found   core.mjs:10592
  in NodeInjector. Find more at https://angular.io/errors/NG0201
      at throwProviderNotFoundError (core.mjs:253:11)
      at notFoundValueOrThrow (core.mjs:4479:9)
      at lookupTokenUsingModuleInjector (core.mjs:4514:12)
      at getOrCreateInjectable (core.mjs:4552:12)
      at ɵɵdirectiveInject (core.mjs:11784:19)
      at ɵɵinject (core.mjs:744:60)
      at inject (core.mjs:828:12)
      at new TaskComponent (task.component.ts:39:26)
      at NodeInjectorFactory.TaskComponent_Factory [as factory] (task.component.ts:21:27)
      at getNodeInjectable (core.mjs:4758:44)
```

圖 6-41　找不到注入實體拋出例外錯誤

@Optional() 裝飾器允許元件內所注入的服務實體是可選用的，Angular 在
遇到含有這個裝飾器的時候，如果找不到注入實體，就會將這個服務變數
設定為 null，不會拋出錯誤。

TypeScript	task.component.ts

```
1    constructor(
2      @Self() @Optional() @Inject(ConfirmMessageToken)
3      public confirmMessage?: string
4    ) {}
```

若使用 inject 函式時，則會在函式的第二個參數中指定 optional 屬性為
true。

TypeScript	task.component.ts

```
1    confirmMessage = inject(ConfirmMessageToken, { self: true, optional: true });
```

範例 6-28 - @Optional 裝飾器範例程式
https://stackblitz.com/edit/ng-book-v2-optional-decorator

圖 6-42

6.5.3 依範本結構取得服務實體 – @Host()

@Host() 裝飾器與 @Self() 一樣，用來決定 Angular 尋找注入實體的結束位置。不同的是，@Host() 裝飾器是依照 HTML 的元素結構，把元件的父層元素作為尋找注入實體的結束位置。

```typescript
// task.component.ts
1   constructor(
2     @Host() @Optional() @Inject(ConfirmMessageToken)
3     public confirmMessage?: string
4   ) {}
```

例如，我們再次修改上面範例的待辦事項元件，把 @Self() 裝飾器改成 @Host() 裝飾器，也刪除元件內所設定確認訊息令牌的提供者。

圖 6-43 沒有父 HTML 元素使用 @Host 裝飾器程式結果

如圖 6-43 所示，此時會因為找不到所設定的訊息，而使用頁面範本中的預設值；這是由於在 HTML 元素中沒有父元素（TaskListComponent）導致找不到注入的實體。

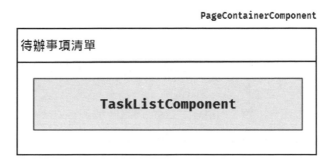

圖 6-44 待辦事項功能 HTML 元素架構

如圖 6-44，我們在先前章節將整個功能放置在頁面容器（PageContainerComponent）中。為了顯示 @Host() 裝飾器的效果，我們將取得注入的設定移到待辦事項清單元件（TaskListComponent）內，並刪除元件內所設定確認訊息令牌的提供者，改由頁面容器元件中定義。

TypeScript	page-container.component.ts

```typescript
1   @Component({
2     ...
3     providers: [
4       {
5         provide: ConfirmMessageToken,
6         useValue: '是否確認刪除待辦事項? (PageContainer)'
7       },
8     ],
9   })
```

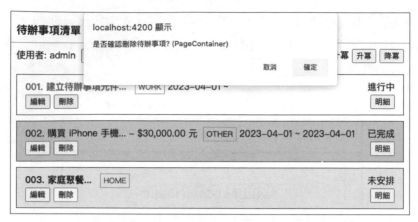

圖 6-45 有父 HTML 元素使用 @Host 裝飾器程式結果

如此一來,就可以如圖 6-45 顯示所設定的確認訊息。而在 inject 函式中則
會設定第二個參數中的 host 屬性。

```typescript
1    public message = inject(MessageToken, { host: true })
```

範例 6-29 - @Host 裝飾器範例程式

https://stackblitz.com/edit/ng-book-v2-host-decorator

圖 6-46

範本驅動表單
（Template-Driven
Form）

▶ 7.1 利用範本驅動表單建立表單

在應用程式中，提供表單使用者輸入資料是常見的需求。面對較為簡單的表單需求，Angular 提供了範本驅動表單（Template-Driven Form, TDF）的方法來快速建立。這一節就利用這個建構方式來實作使用者輸入表單。

本節目標

▶ 什麼是範本驅動表單

▶ 利用 NgModel 定義表單模型屬性

▶ 取得 NgForm 型別的表單模型

▶ 利用 NgModelGroup 定義表單群組

7.1.1 範本驅動表單概述

在開發應用程式時，會把整個應用程式區分成頁面與資料兩部份，這個在表單開發上也是一樣。Angular 將表單分成頁面範本與表單模型兩個部份，而範本驅動表單則是一種以頁面範本為主的表單開發方式。

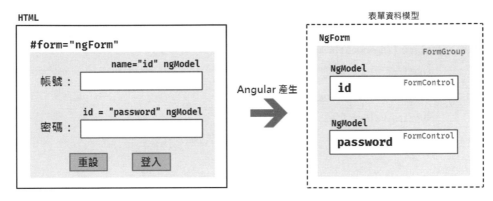

圖 7-1　範本驅動表單（Template-Driven Form）

當利用範本驅動表單來建立表單程式時，主要會著重在頁面範本的定義，再由 Angular 依頁面範本來產生對應的表單模型。我們會利用範本參考變數取得 NgModel 與 NgForm 等表單資料模型，或是利用 required、pattern 等驗證指令來驗證使用者輸入的內容。如此一來，就可以快速地建立一些基本的表單需求。不過在開發之前，需要在模組中匯入 FormsModule 模組。

```typescript
@NgModule({
  imports: [FormsModule],
  ...
})
```

7.1.2 利用 NgModel 指令定義表單模型屬性

Angular 提供了 NgModel 指令來監控如 input、select 等表單輸入標籤，這個指令也包含了 ngModelChange 的事件定義，因此我們可以利用雙向繫結來設定與記錄使用者表單標籤。

HTML	app.component.html

```
1   <select [(ngModel)]="condition">
2     <option value="None">未安排</option>
3     <option value="Doing">進行中</option>
4     <option value="Finish">已完成</option>
5   </select>
```

在上面範例程式中，透過了 NgModel 指令將使用者選擇的待辦事項狀態記錄在 condition 屬性中，讓我們可以在元件程式使用此屬性進行查詢。

圖 7-2　利用 ngModel 指令定義表單屬性範例程式執行結果

範例 7-1 - NgModel 雙向繫結表單範例程式

https://stackblitz.com/edit/ng-book-v2-tdf-model

圖 7-3

7.1.3 利用範本參考變數取得表單模型屬性值

除了利用雙向繫結至 NgModel 指令之外，也可以在表單標籤中設定範本參考變數，並將此變數值傳入查詢方法內。

```
HTML                                              app.component.html
1    <select #condition ngModel>
2      <option value="None">未安排</option>
3      <option value="Doing">進行中</option>
4      <option value="Finish">已完成</option>
5    </select>
6    <button type="button" appBlackButton (click)="onSearch(condition)">
7      查詢
8    </button>
```

然而 select 標籤的範本參考變數預設會是 HTMLSelectElement 型別，所以當我們直接將此變數傳入查詢方法時，會如圖 7-4 得到 select 標籤的 HTML 元素。順帶一提，若是 input 表單標籤的範本參考變數則會得到 HTMLInputElement 型別。

圖 7-4 預設型別的範本參考變數

HTML	app.component.html

```
1    <select #condition="ngModel" ngModel>
2        <option value="None">未安排</option>
3        <option value="Doing">進行中</option>
4        <option value="Finish">已完成</option>
5    </select>
6    <button type="button" appBlackButton (click)="onSearch(condition)">
7        查詢
8    </button>
```

由於在 NgModel 指令中設定了 exportAs 屬性為 NgModel，以告訴 Angular 將範本參考變數以 NgModel 型別定義，因此我們可以如上面程式，將使用者輸入的查詢條件已 NgModel 型別傳遞。

```
TypeScript                                              app.component.ts
1    onSearch(condition: NgModel) {...}
```

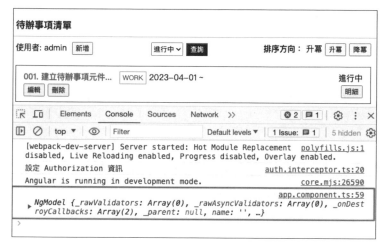

圖 7-5 ngModel 型別的範本參考變數

如此一來，就可以利用 NgModel 型別內的 value 進行查詢。需要注意的是，在這個表單輸入標籤還是需要使用 NgModel 指令，否則會拋出例外。

```
HTML                                                   app.component.html
1    <select #condition="ngModel" ngModel>
2      <option value="None">未安排</option>
3      <option value="Doing">進行中</option>
4      <option value="Finish">已完成</option>
5    </select>
6    <button type="button"
7          appBlackButton
8          (click)="queryState$.next(condition.value)">
9      查詢
10   </button>
```

範例 7-2 - NgModel 範本參考變數表單範例程式

https://stackblitz.com/edit/ng-book-v2-tdf-variable

圖 7-6

另外，也可以如同下面程式，利用 @ViewChild 裝飾器來取得頁面的表單標籤元素。

TypeScript	app.component.ts

```
1    @ViewChild('condition') condition: NgModel;
```

7.1.4 取得 NgForm 型別的表單模型

若我們要利用範本驅動表單來實作表單功能時，在頁面中需使用 form 標籤，且在標籤內的表單輸入標籤都會設定 name 屬性並指定了 NgModel 指令。

> ☞ **實作前置作業**
>
> 為了檢視之後所實作的註冊表單，在實作前先把目前 AppComponent 內的程式移至待辦事項頁面元件（TaskPageComponent）。

例如，我們希望在目前應用程式中加使用者註冊表單，來讓使用者透過註冊與登入系統可以使用不同的功能。如下面註冊表單程式，我們在 form 標籤中定義 ngForm 型別的範本參考變數，再傳入到 submit 事件方法內處理。

```html
HTML                                                    app.component.html
1   <form #form="ngForm" (submit)="onSubmit(form)">
2     <div class="header">待辦事項功能註冊</div>
3     <div class="content">
4       <div>
5         <strong>帳號：</strong>
6         <input type="text" name="id" #id="ngModel" ngModel />
7       </div>
8       <div>
9         <strong>密碼：</strong>
10        <input type="password" name="password" #password="ngModel" ngModel />
11      </div>
12    </div>
13    <div class="button">
14      <button type="reset">重設</button>
15      <button type="submit">註冊</button>
16    </div>
17  </form>
```

從圖 7-7 所顯示的登入表單資訊，可以看出範本驅動表單是依照輸入表單標
籤的 name 屬性來產生對應的表單模型屬性。

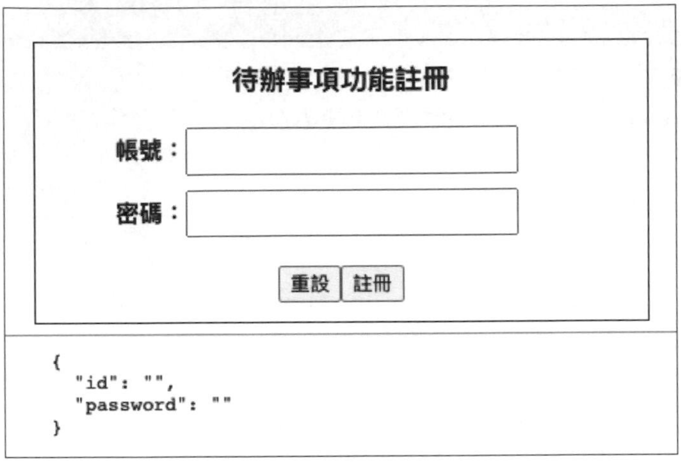

待辦事項功能註冊

帳號：

密碼：

重設　註冊

```
{
  "id": "",
  "password": ""
}
```

圖 7-7　範本驅動登入表單範例程式執行結果

範例 7-3 - NgForm 表單範例程式

https://stackblitz.com/edit/ng-book-v2-tdf-form

圖 7-8

7.1.5 利用 NgModelGroup 指令定義表單群組

除了上面實作方式之外，Angular 還提供了 NgModelGroup 指令，讓我們可以把多個表單欄位整合成一個群組資料。

如下面程式，NgModelGroup 指令必須使用在 form 標籤內的頁面元素，而資料的群組名稱為此指令所設定的值。

```html
HTML                                                    app.component.html
1    <form #form="ngForm">
2      ...
3      <ng-container ngModelGroup="user">
4        <div>
5          <strong>姓名：</strong>
6          <input type="text" name="name" ngModel />
7        </div>
8        <div>
9          <strong>信箱：</strong>
10         <input type="text" name="email" ngModel />
11       </div>
12     </ng-container>
13   </form>
```

與先前範例一樣，我們也可以宣告一個型別為 **ngModelGroup** 的範本參考變數，在頁面上直接使用這個表單群組。

```html
HTML                                                    app.component.html
1    <form #form="ngForm">
2      ...
3      <ng-container ngModelGroup="user" #user="ngModelGroup"></ng-container>
4    </form>
```

如此一來，在較多欄位的表單中，就可以依不同類型的資料進行分組（圖 7-9）。

待辦事項功能註冊

帳號： test

密碼： ••••••••

姓名： Oliver

信箱： xxx@gmail.comm

重設　註冊

```
{
  "id": "test",
  "password": "12345678",
  "user": {
    "name": "Oliver",
    "email": "xxx@gmail.comm"
  }
}
```

圖 7-9　利用 NgModelGroup 建立表單群組

範例 7-4 - NgModelGroup 表單範例程式

https://stackblitz.com/edit/ng-book-v2-tdf-model-group

圖 7-10

▶ 7.2 表單狀態的使用

在 Angular 表單中，`NgForm`、`NgModel` 與 `NgModelGroup` 等資料模型都有提供表單操作或驗證的狀態屬性，並且對應著各自的樣式類別。因此，我們可以利用這些狀態屬性來監控使用者操作，進一步變更頁面的顯示樣式。

本節目標

▶ Angular 提供的表單狀態屬性

▶ 如何依表單狀態變更頁面顯示樣式

7.2.1 表單輸入項是否已被點選

在表單驗證設計上，常會設計成使用者已經點選表單輸入項後，才顯示相關的錯誤訊息。此種類型的需求可以使用表單模型的 untouched 與 touched 屬性，前者表示使用者從未點選過表單輸入項，所對應的樣式類別為 ng-untouched；後者則為曾經點選過表單輸入項，對應的樣式類別為 ng-touched。

因此我們可以控制 ng-untouched 與 ng-touched 兩個樣式類別，讓使用者知道目前表單的狀態。

```
CSS                                                    app.component.css
1    form.ng-untouched { border: solid 1px blue; }
2    form.ng-touched { border: dotted 1px blue; }
3    input.ng-untouched { border: solid 2px blueviolet; }
4    input.ng-touched { border: dotted 2px blueviolet; }
```

由圖 7-11 執行結果可以得知，當使用者點選表單輸入項，並在離開後會變更表單與該輸入項的 untouched 與 touched 屬性。

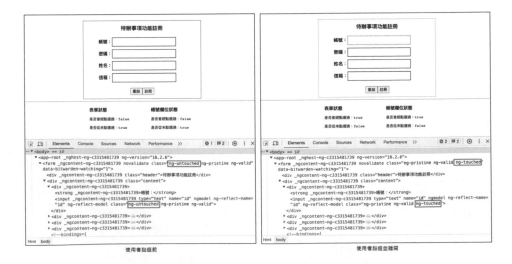

圖 7-11 利用表單點選屬性顯示不同頁面樣式

範例 7-5 - 表單點選屬性範例程式

https://stackblitz.com/edit/ng-book-v2-form-touched

圖 7-12

7.2.2 表單輸入項是否曾經輸入過

表單模型的 pristine 與 dirty 屬性可以讓我們知道使用者是否曾經修改過表單內容。前者表示表單從未被修改過，所對應的樣式為 ng-pristine；後者則是曾經修改過表單資料，對應的樣式類別為 ng-dirty。

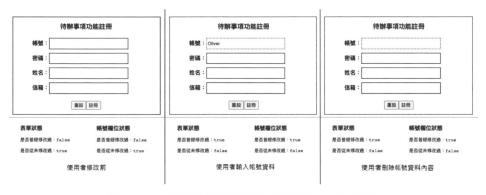

圖 7-13 使用者是否已修改表單資料狀態屬性

利用 ng-pristine 與 ng-dirty 樣式類別觀察兩者變化的結果會發現到（圖 7-13），只要表單資料已經被修改後，即使把值修改回原值，表單模型的 dirty 屬性還是會保持為 true。

範例 7-6 - 表單內容修改屬性範例程式

https://stackblitz.com/edit/ng-book-v2-form-dirty

圖 7-14

7.2.3 表單輸入項是否驗證通過

當在表單輸入項加入如必填、email 格式等表單驗證時,我們可以利用表單模型中的 valid 與 invalid 兩個屬性知道當下表單是不是通過驗證,也可以利用 status 屬性來知道表單的狀態是 DISABLED、VALID、INVALID 或是 PADDING。同樣地,我們也可以利用 ng-valid 與 ng-invalid 兩個樣式類別來控制表單是否驗證的顯示頁面。

7.2.4 表單輸入項是否為可輸入狀態

表單模型中的 enabled 與 disabled 屬性,則代表此表單輸入項是否為可輸入狀態。當 form 標籤內只要有一個輸入項為可輸入狀態時,NgForm 型別的 enabled 就會為 true。

7.2.5 表單是否提交過

在 NgForm 型別中還可以利用 submitted 屬性來判表是否觸發 ngSubmit 事件。當此屬性為 true 時,Angular 會在 form 標籤加入 ng-submitted 樣式類別。

▶ 7.3 表單的欄位驗證

實務上開發使用者表單時，常會針對使用者輸入的內容進行驗證，看是否符合應用程式所需的規範。這一節就來說明在範本驅動表單中如何進行表單驗證。

本節目標

▶ 如何實作範本驅動表單驗證

▶ 如何自訂範本驅動表單的驗證指令

7.3.1 設定必填的欄位驗證

透過 required 指令可以把表單欄位設定為必填欄位，當表單驗證不通過時，Angular 會將錯誤記錄在 errors 屬性中，我們可以利用 hasError() 方法來判斷是否包含特定的表單驗證。如下面程式，將帳號設定為必填欄位，並在使用者點選輸入項後，依必填的驗證結果顯示錯誤訊息到頁面上。

```html
HTML                                          app.component.html
1    <strong>帳號：</strong>
2    <input type="text" name="id" #id="ngModel" ngModel required />
3    <ng-container *ngIf="id.touched">
4      <div class="error-message" *ngIf="id.hasError('required')">
5        帳號為必填欄位
6      </div>
7    </ng-container>
```

範例 7-7 - 表單必填欄位驗證範例程式

https://stackblitz.com/edit/ng-book-v2-tdk-required

圖 7-15

7.3.2 設定欄位最小與最大長度驗證

當要規定表單欄位應該輸入的長度時，可以使用 minlength 與 maxlength 兩個驗證指令。當 required 驗證不通過時，表單模型的 errors 屬性會記錄為：

```
{ "required": true }
```

而 minlength 與 maxlength 驗證未通過時，errors 屬性則會記錄合格長度與目前長度：

```
{"minlength": { "requiredLength":8,"actualLength":1 }}
```

因此，我們可以利用 getError() 方法取得特定的錯誤物件，並透過這個資訊來顯示錯誤訊息。

HTML	app.component.html

```
1    <strong>帳號：</strong>
2    <input type="text" name="id" #id="ngModel" ngModel minlength="8" />
3    <ng-container *ngIf="id.touched">
4      <div class="error-message" *ngIf="id.hasError('minlength')">
5        帳號最少需要 {{ id.getError("minlength").requiredLength }} 字元
6      </div>
7    </ng-container>
```

範例 7-8 - 表單欄位長度驗證範例程式

https://stackblitz.com/edit/ng-book-v2-tdf-length

圖 7-16

7.3.3 設定 Email 格式驗證

Angular 也提供 email 驗證指令來驗證使用者輸入的內容是否符合 Email 格式。

```
HTML                                              app.component.html
1    <strong>信箱：</strong>
2    <input type="text" name="email" #email="ngModel" ngModel email />
3    <ng-container *ngIf="email.touched">
4      <div class="error-message" *ngIf="email.hasError('email')">
5        信箱應符合 Email 格式
6      </div>
7    </ng-container>
```

範例 7-9 - Email 欄位驗證範例程式

https://stackblitz.com/edit/ng-book-v2-tdf-email

圖 7-17

7.3.4 數值欄位範圍驗證

針對數值的表單輸入項，Angular 也提供了 min 與 max 驗證指令來檢查使用者輸入的數值是否在範圍內。與文字長度的驗證一樣，min 與 max 驗證不通過時，errors 屬性會記錄合格數值與目前數值：

```
{ "min": { "min": 2, "actual": 1 } }
```

```html
HTML                                                    app.component.html
1    <strong>年紀：</strong>
2    <input type="number" name="age" #age="ngModel" ngModel min="18" />
3    <ng-container *ngIf="age.touched">
4      <div class="error-message" *ngIf="age.hasError('min')">
5         最小年紀應為 {{ age.getError("min").min }} 歲
6      </div>
7    </ng-container>
```

範例 7-10 - 表單數值欄位驗證範例程式

https://stackblitz.com/edit/ng-book-v2-tdf-number

圖 7-18

7.3.5 設定正規化表示式驗證

在表單開發中，實務上常會使用正規化表示式來檢查資料格式，而 Angular 也提供了 pattern 驗證指令來利用正規化表示式檢查格式。當驗證失敗時，errors 屬性會記錄為：

```
{"pattern": {"requiredPattern":"", "actualValue": ""}}
```

因此，下面程式就利用 pattern 指令驗證密碼是否符合只輸入英文字母。

```html
HTML                                          app.component.html
1    <strong>密碼：</strong>
2    <input
3      type="password"
4      name="password"
5      #password="ngModel"
6      ngModel
7      required
8      pattern="^[a-zA-Z]*"
9    />
10   <ng-container *ngIf="password.touched">
11     <div class="error-message" *ngIf="password.hasError('pattern')">
12       密碼只接受英文字母
13     </div>
14   </ng-container>
```

範例 7-11 - 表單 pattern 驗證範例程式

https://stackblitz.com/edit/ng-book-v2-tdf-pattern

圖 7-19

7.3.6 自訂表單驗證指令

除了利用 Angular 內建的驗證指令，我們也可以依需求自行建立驗證指令。例如，有時候使用者所輸入的數值欄位，需要檢查是否符合特定的整數位數與小數位數。面對這種需要，就可以自訂 DecimalValidatorDirective 來實作。

在 Angular 應用程式中的表單驗證都是實作 Validator 介面，因此自訂的驗
證指令也不例外。

TypeScript	decimal-validator.directive.ts

```
1    @Directive({})
2    export class DecimalValidatorDirective implements Validator { }
```

整個表單驗證的邏輯會實作在 Validator 介面的 validate 方法中，此方法
會傳入表單輸入項，用來取得使用者輸入的內容。當驗證失敗的時候，這
個方法會回傳一個 ValidationErrors，就是先前小節所提到會記錄在 errors
屬性內的資訊。需要注意的是，當驗證成功能時，則會回傳 null 值。因此
我們可以在驗證數值位數失敗後，就可以回傳驗證規則的資訊。

TypeScript	decimal-validator.directive.ts

```
1    validate(control: AbstractControl): ValidationErrors | null {
2      const digit = `\\d{1,${this.digitLength}}`;
3      const scale = `\\d{0,${this.scaleLength}}`;
4      const decimal = {
5        digitLength: this.digitLength,
6        scaleLength: this.scaleLength,
7      };
8
9      const regular = new RegExp(`^${digit}(\\.${scale})?$`);
10     return regular.test(control.value)
11       ? null
12       : { decimal };
13   }
```

在上面程式中，依照外部傳入的 digitLength 與 scaleLength 屬性，來建立正規化表示式，並透過此表示式來驗證使用者的輸入。

最後，需要將自訂的指令註冊成 NG_VALIDATORS 的提供者，讓 Angular 可以在進行表單驗證時知道此指令的作用。

```typescript
// TypeScript                              decimal-validator.directive.ts
1  @Directive({
2    selector: '[appDecimalValidator]',
3    providers: [
4      {
5        provide: NG_VALIDATORS,
6        useExisting: DecimalValidatorDirective,
7        multi: true
8      },
9    ],
10 })
11 export class DecimalValidatorDirective implements Validator { }
```

如此一來，就可以在範本驅動表單中使用這個驗證指令。

```html
<!-- HTML                                          app.component.html -->
1  <div>
2    <strong>年紀：</strong>
3    <input
4      type="number"
5      name="age"
6      #age="ngModel"
7      ngModel
8      appDecimalValidator
```

```
9        [digitLength]="2"
10       [scaleLength]="0"
11     />
12     <ng-container *ngIf="age.touched">
13       <div class="error-message" *ngIf="age.hasError('decimal')">
14         年紀應為最多 {{ age.getError("decimal").digitLength }} 位數的整數
15       </div>
16     </ng-container>
17   </div>
```

範例 7-12 - 自訂表單驗證指令範例程式

https://stackblitz.com/edit/ng-book-v2-tdf-custom-validator

圖 7-20

響應式表單
（Reactive Form）

▶ 8.1 利用響應式表單建立表單

面對較為複雜的表單，Angular 提供了響應式表單（Reactive Form）的表單建構方式，讓表單的開發有更高的擴充性。這一節主要會說明如何利用此方式開發使用者輸入表單。

本節目標

▶ 什麼是響應式表單

▶ 三種表單模型定義方式

8.1.1 響應式表單概述

相較於範本驅動表單利用頁面範本讓 Angular 產生對應的表單模型，響應式表單則是著重在表單模型的定義，再由頁面範本的表單輸入項去連結所對應的表單模型。

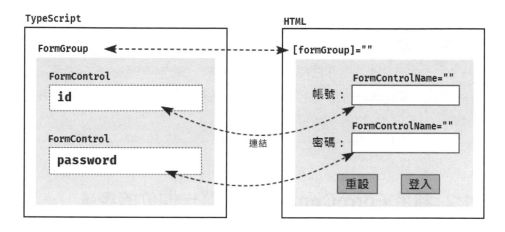

圖 8-1 響應式表單（Reactive Form）

在範本驅動表單中主要利用表單指令進行操作；而在響應式表單則會直接建立 FromControl、FromGroup 與 FormArray 等表單的基礎類別，並搭配著 RxJS 來監控與操作使用者輸入的資料，以及利用 Validator 與 AsyncValidator 等驗證方法檢查使用者輸入的內容。透過針對底層類別的使用，讓我們可以更容易建構出高延展性的使用者表單。同樣地，需要在模組中匯入 ReactiveFormsModule 模組才能使用響應式表單。

```TypeScript
1    @NgModule({
2      imports: [ReactiveFormsModule],
3      …
4    })
```

> ◎⁺ **實作前置作業**
>
> 為了方便檢視之後所實作的待辦事項表單功能，實作前先建立註冊頁面元
> 件（SignUpPageComponent），並先把目前 AppComponent 內的程式移
> 過去。

8.1.2 利用 FormControl 建立單一欄位的表單

在範本驅動表單中，Angular 會依 NgModel 與 NgModelGroup 指令建立
FormControl 與 FormGroup 表單型別實體。而在響應式表單中，則會由我們
宣告與建立表單類型的實體。

我們可以在元件程式建立一個 FormControl 屬性，用來監控使用者所輸入的
資料。在 Angular 14 加入了強型別的響應式表單，因此可以明確指定表單
值的型別。預設狀況下，FormControl 的值是允許為 null 值，因此，如下面
程式，我們會將待辦事項的內容型別設定為字串與空值，並設定初始值為
null 值。

```TypeScript                                    app.component.ts
1    readonly content = new FormControl<string | null>(null);
```

順帶一提，如果希望表單控制器一開始為停用（DISABLED）狀態，可以如下面程式在建構式中的第一個參數設定。

```typescript
1  readonly content = new FormControl<string | null>({ value: null, disabled:
   true });
```
TypeScript — app.component.ts

接著，在頁面範本中利用 formControl 指令來繫結元件屬性。

```html
1  <div>
2    <strong>事項內容：</strong>
3    <input type="text" [formControl]="content" />
4  </div>
```
HTML — app.component.html

如此一來，就可以在元件程式中利用表單控制項 content 的 value 值進行待辦事項資料儲存，而 value 屬性值則會依照宣告時所指定的為字串型別。

```typescript
1   onSave(): void {
2     const task = new Task({
3       content: this.content.value!,
4       type: 'Other',
5       important: false,
6       urgent: false,
7       state: 'None',
8     });
9     this.taskService.add(task).subscribe((task) => console.log(task));
10  }
```
TypeScript — app.component.ts

在 Angular 14 以後若要使用弱型別響應式表單來實作表單，則會建立
UntypedFormControl 物件屬性；因而此物件的 value 屬性值型別會是 any。

```TypeScript
1    readonly content = new UntypedFormControl();
```

範例 8-1 - FormControl 範例程式

https://stackblitz.com/edit/ng-book-v2-rf-form-control

圖 8-2

8.1.3 利用 FormGroup 建立表單群組

如同於範本驅動表單，我們可以利用 FormGroup 型別來建立表單群組，這型
別會設定一個包含多個 FormControl 或 FormGroup 型別屬性的物件。例如，
針對待辦事項定義一 FormGroup 型別的表單模型，此模型會包含了內容、類
型、是否重要與緊急等資訊。

```TypeScript                                    task-form.interface.ts
1    export interface ITaskForm {
2      content: FormControl<string | null>;
3      type: FormControl<'Home' | 'Work' | 'Other'>;
4      important: FormControl<boolean>;
5      urgent: FormControl<boolean>;
6    }
```

與 FormControl 一樣，可以在宣告 FormGroup 時明確指定型別資訊；因此，如上面程式，我們先定義待辦事項表單的介面。在表單介面中定義了每個欄位的表單泛型型別；接著就在表單頁面程式中定義 FormGroup 物件，並依指定的介面來宣告與設定每個欄位。需注意的是，我們將待辦事項的類型、是否重要與緊急等資訊設定為不允許為 null 值，因此需要在初始 FormControl 時，需指定第二個參數的 nonNullable 為 true。

```typescript
// TypeScript                              app.component.ts
1  readonly form = new FormGroup<ITaskForm>({
2    content: new FormControl<string | null>(null),
3    type: new FormControl<'Home' | 'Work' | 'Other'>('Other', {
4      nonNullable: true,
5    }),
6    important: new FormControl<boolean>(false, { nonNullable: true }),
7    urgent: new FormControl<boolean>(false, { nonNullable: true }),
8  });
```

最後，在頁面範本中，會利用 formGroup 指令來連結至表單群組，其下欄位則會利用 formControlName 與 formGroupName 指令來連結表單群組內的 FormControl 與 FromGroup 屬性。

```html
<!-- HTML                                 app.component.html -->
1  <div [formGroup]="form">
2    ...
3    <div>
4      <div>
5        <strong>內容：</strong>
6        <input type="text" formControlName="content" />
7      </div>
```

```
8        <div>
9          <strong>類型：</strong>
10         <select formControlName="type">
11           <option value="Home">Home</option>
12           <option value="Work">Work</option>
13           <option value="Other">Other</option>
14         </select>
15       </div>
16       <div>
17         <input id="important" type="checkbox" formControlName="important" />
18         <label for="important">重要事項</label>
19         <input id="urgent" type="checkbox" formControlName="urgent" />
20         <label for="urgent">緊急事項</label>
21       </div>
22     </div>
23     ...
24   </div>
```

同樣的，若要使用弱型別響應式表單來實作表單群組，則會使用
UntypedFormGroup 來定義表單模型。

TypeScript

```
1    readonly form = new UntypedFormGroup({ ... });
```

範例 8-2 - FormGroup 範例程式

https://stackblitz.com/edit/ng-book-v2-rf-form-group

圖 8-3

8.1.4 利用 FormArray 建立表單陣列

Angular 在響應式表單中還提供 FormArray 型別,讓我們可以實作出清單型的表單。當我們在頁面中利用 FormArrayName 顯示資料時,必須把 FormArray 定義在 FormGroup 內。

例如,如果我們希望在待辦事項中加入可以設定多個標籤,就可以在待辦事項表單介面加入標籤屬性設定。

TypeScript	task-form.interface.ts

```
1    export interface ITaskForm {
2      content: FormControl<string | null>;
3      type: FormControl<'Home' | 'Work' | 'Other'>;
4      important: FormControl<boolean>;
5      urgent: FormControl<boolean>;
6      tags: FormArray<FormControl<string | null>>;
7    }
```

如上面程式,FormArray 內所指定的會是 FormGroup 或 FormControl 的表單模型。接著,就透過 FormArray 建構式宣告一個表單陣列屬性,並以空陣列作為初始值。

TypeScript	app.component.ts

```
1    readonly form = new FormGroup<ITaskForm>({
2      content: new FormControl<string | null>(null),
3      type: new FormControl<'Home' | 'Work' | 'Other'>('Other', {
4        nonNullable: true,
5      }),
6      important: new FormControl<boolean>(false, { nonNullable: true }),
```

```
7      urgent: new FormControl<boolean>(false, { nonNullable: true }),
8      tags: new FormArray<FormControl<string | null>>([]),
9    });
```

為了後面更容易操作這個表單陣列，會在元件程式中加入對應的 getter 屬性。需要注意的是，FormGroup 的 get() 方法所回傳的是 FormGroup、FormControl 與 FormArray 的基礎型別 – AbstractControl 型別。因此這個 getter 屬性必須轉型成 FormArray。

TypeScript	app.component.ts

```
1    get tags(): FormArray<FormControl<string | null>> {
2      return this.form.get('tags') as FormArray<FormControl<string | null>>;
3    }
```

而在頁面範本中則會利用 FormArrayName 指令連結表單陣列，並搭配著 *ngFor 指令將表單陣列的 controls 屬性顯示在頁面上。由於標籤資訊為 FormControl 型別，所以在頁面中可以直接用 formControl 指令繫結表單陣列內的控制項。

HTML	app.component.html

```
1    <div>
2      <strong>標籤</strong>
3      <div formArrayName="tags" *ngFor="let control of tags.controls">
4        <input type="text" [formControl]="control" />
5      </div>
6    </div>
```

如果表單陣列裡記錄的是 FormGroup 欄位，會利用 *ngFor 指令的索引值做為 FormGroupName 設定值，以及指定下層欄位的 FormControlName 屬性值。

```html
<div formArrayName="..." *ngFor="...; let index = index">
  <ng-container [formGroupName]="index">
    <input type="text" formControlName="..." />
    <input type="text" formControlName="..." />
  </ng-container>
</div>
```

若要使用弱型別響應式表單來實作表單陣列，則會使用 UntypedFormArray 來定義表單模型。

```typescript
readonly form = new UntypedFormGroup({
  array: new UntypedFormArray([])
});
```

需要注意的是，利用弱型別的方式定義時，表單陣列的 controls 會是 AbstractControl 型別，若在範本頁面上直接指定陣列內的控制項時。需要先將 controls 屬性轉型為 FormControl[]，否則會拋出例外。

```typescript
get arrayControls(): FormControl[] {
  return this.array.controls as FormControl[];
}
```

範例 8-3 - FormArray 範例程式

https://stackblitz.com/edit/ng-book-v2-rf-form-array

圖 8-4

8.1.5 利用 FormBuilder 建立表單

除了利用表單模型的建構式建立表單外，Angular 還提供了 FormBuilder 服務元件來建立表單模型。

TypeScript	app.component.ts

```typescript
1    constructor(private fb: FormBuilder) {}
```

或是利用 inject 函式取得 FormBuilder 服務。

TypeScript	app.component.ts

```typescript
1    private fb = inject(FormBuilder);
```

我們可以利用 FormBuilder 服務的 group()、control() 與 array() 方法來建立表單；而方法的第一個參數與建構式相同，為表單模型的初始值。

TypeScript	app.component.ts

```typescript
1    readonly form = this.fb.group<ITaskForm>({
2      content: this.fb.control<string | null>(null),
3      type: this.fb.control<'Home' | 'Work' | 'Other'>('Other', {
4        nonNullable: true,
5      }),
```

```
6      important: this.fb.control<boolean>(false, { nonNullable: true }),
7      urgent: this.fb.control<boolean>(false, { nonNullable: true }),
8      tags: this.fb.array<FormControl<string | null>>([]),
9    });
```

若要使用弱型別響應式表單來實作表單群組，也可以使用
UntypedFormBuilder 服務來定義表單模型。

TypeScript

```
1    private fb = inject(UntypedFormBuilder);
```

另外，利用 UntypedFormBuilder 服務建立 FormControl 表單模型時，也可以
利用下面的寫法：

TypeScript

```
1    const form = this.fb.group({
2      content: [''],
3      ...
4    });
```

這個方法雖然可以簡化程式碼，但也因而降低了程式的可讀性，所以實務
上較不建議使用。

範例 8-4 - FormBuilder 範例程式

https://stackblitz.com/edit/ng-book-v2-rf-form-builder

圖 8-5

▶ 8.2 表單的欄位驗證

與 範本驅動表單利用指令進行欄位驗證不同，響應式表單則是利用驗證方法來檢查表單欄位。這一節會說明在響應式表單如何進行同步與非同步驗證。

本節目標

▶ 如何在響應式表單中進行欄位驗證

▶ 如何自訂響應式表單的同步型驗證方法

▶ 如何自訂響應式表單的非同步驗證方法

8.2.1 設定表單欄位驗證

在響應式表單中，可以利用表單模型建構式或是 FormBuilder 服務元件方法的第二參數定義同步型的表單驗證陣列。如下面程式，透過 Validator 內的 required 驗證方法，將待辦事項內容設定為必填欄位。

TypeScript	app.component.ts

```
1    content: new FormControl<string | null>(null, [Validators.required]),
```

另外，表單模型建構式與 FormBuilder 服務元件方法的第二參數也可以指定成參數物件，並將驗證陣列指定到 validators 屬性內。

TypeScript	app.component.ts

```
1    content: new FormControl<string | null>(null, {
2      validators: [Validators.required],
3    }),
```

而頁面範本則與範本驅動表單一樣，利用 hasError() 與 getError() 方法來判斷與顯示錯誤訊息。

TypeScript	app.component.ts

```
1    <strong>內容：</strong>
2    <input type="text" formControlName="content" />
3    <ng-container *ngIf="content.touched">
4      <div class="error-message" *ngIf="content.hasError('required')">
5        內容為必填欄位
6      </div>
7    </ng-container>
```

順帶一提，如同標籤欄位一樣，為了在頁面範本方便使用表單欄位，而會在元件程式加入對應的 getter 屬性。

TypeScript	app.component.ts

```
1    get content(): FormControl<string | null> {
2      return this.form.get('content') as FormControl<string | null>;
3    }
```

範例 8-5 - 表單必填欄位驗證範例程式
https://stackblitz.com/edit/ng-book-v2-rf-required

圖 8-6

除了必填驗證之外，Angular 也內建了 minlength、maxlength、number、email 與 pattern 等表單驗證器，驗證未通過時 errors 屬性記錄的資訊與範本驅動表單相同。

TypeScript	app.component.ts

```
1    content: new FormControl<string | null>(null, {
2      validators: [
3        Validators.required,
4        Validators.minLength(3),
5        Validators.maxLength(20),
6      ],
7    }),
```

```html
HTML                                                     app.component.html
1   <strong>內容：</strong>
2   <input type="text" formControlName="content" />
3   <ng-container *ngIf="content.touched">
4     <div class="error-message" *ngIf="content.hasError('required')">
5        內容為必填欄位
6     </div>
7     <div class="error-message" *ngIf="content.hasError('minlength')">
8        內容最少 {{ content.getError("minlength").requiredLength }} 個字
9     </div>h
10    <div class="error-message" *ngIf="content.hasError('maxlength')">
11       內容最多 {{ content.getError("maxlength").requiredLength }} 個字
12    </div>
13  </ng-container>
```

範例 8-6 - 表單欄位長度驗證範例程式

https://stackblitz.com/edit/ng-book-v2-rf-length

圖 8-7

8.2.2 自訂欄位同步驗證方法

與範本驅動表單一樣，我們也可以自訂表單驗證方法來實作需求，這個方法會傳入要驗證的表單控制項，並回傳 ValidationErrors 或 null 來表示是否驗證通過。因此，當要驗證表單陣列內最少要有一筆項目時，就可以在元件程式中新增驗證方法。

```
TypeScript                                          app.component.ts
1    export class AppComponent {
2      ...
3      arrayCannotEmpty(control: AbstractControl): ValidationErrors | null {
4        const formArray = control as FormArray;
5        if (formArray.length === 0) {
6          return { cannotEmpty: true };
7        }
8        return null;
9      }
10     ...
11   }
```

不過因為表單驗證主要是針對表單值進行驗證，實務上較常獨立出一個表
單驗證器檔案來實作，以更能夠使用於多個表單內，因此我們新增一個陣
列不可回空的驗證器檔案來實作上面程式。

```
TypeScript                              array-cannot-empty.validator.ts
1    export function arrayCannotEmpty(control: AbstractControl):
     ValidationErrors | null {
2      const formArray = control as FormArray;
3      if (formArray.length === 0) {
4        return { cannotEmpty: true };
5      }
6      return null;
7    }
```

如此一來，就可以把這個驗證方法加入到表單陣列的驗證陣列屬性內，並
且在頁面範本中判斷是否有 cannotEmpty 錯誤來顯示訊息。

TypeScript `app.component.ts`

```
1    tags: new FormArray<FormControl<string | null>>([], {
2      validators: [arrayCannotEmpty],
3    }),
```

HTML `app.component.html`

```
1    <strong>標籤</strong>
2    <div formArrayName="tags" *ngFor="let control of tags.controls">
3      <input type="text" [formControl]="control" />
4    </div>
5    <div class="error-message" *ngIf="tags.hasError('cannotEmpty')">
6      標籤至少要有一個
7    </div>
```

範例 8-7 - 陣列不得為空驗證器範例程式

https://stackblitz.com/edit/ng-book-v2-rf-array-empty

圖 8-8

當驗證需求如同上一章自訂的驗證指令，需要額外指定驗證的參數時，所實作的驗證方法則會回傳 ValidatorFn。例如，我們希望限制標籤設定最多三個，就可以建立陣列項目最多個數驗證（arrayMaxCount）。

TypeScript `array-max-count.validator.ts`

```
1    export function arrayMaxCount(count: number): ValidatorFn {
2      return (control: AbstractControl): ValidationErrors | null => {
3        const formArray = control as FormArray;
```

```
4        if (formArray.length > count) {
5          return {
6            maxCount: { requiredCount: count, actualCount: formArray.length },
7          };
8        }
9        return null;
10     };
11   }
```

這樣就可以在指定驗證時，傳入陣列的最多個數。

TypeScript	app.component.ts

```
1    tags: new FormArray<FormControl<string | null>>([], {
2      validators: [arrayCannotEmpty, arrayMaxCount(3)],
3    }),
```

範例 8-8 - 陣列最大個數驗證器範例程式

https://stackblitz.com/edit/ng-book-v2-rf-array-max-count

圖 8-9

8.2.3　自訂欄位非同步驗證方法

實務上也常會需要將使用者輸入的資料由遠端服務進行驗證，此時就需要
自訂非同步的驗證方法，而這個方法會回傳 Observable 的型別資訊。

例如，我們在待辦事項加入關聯事項，當使用者輸入此欄位時，需要透過遠端服務確認是否有所輸入的事項內容，就可以在元件程式內新增非同步驗證方法。

```typescript
shouldBeExists(
  control: AbstractControl
): Observable<ValidationErrors | null> {
  if (!control.value) return of(null);

  return this.taskService
    .isExists(control.value)
    .pipe(
      map((isExists) => (isExists ? null : { shouldBeExists: true })
    ));
}
```

上面程式就是透過待辦事項服務來檢查事項是不是存在，來實作關聯事項欄位的非同步驗證方法。接著，就可以設定在表單模型建構式或是 FormBuilder 服務元件方法的第三參數：

```typescript
relatedTask: new FormControl<string | null>(null, [], [
  this.shouldBeExists.bind(this)
])
```

也可以指定參數物件的 asyncValidators 屬性。

```
TypeScript                                              app.component.ts
1    relatedTask: new FormControl<string | null>(null, {
2      asyncValidators: [this.shouldBeExists.bind(this)],
3      updateOn: 'blur',
4    }),
```

不過在使用者輸入資料的時候，會一直觸發所設定的非同步驗證，進而增加後端的壓力。若要避免一直對遠端服務發送請求，可以如上面程式第 3 行，將欄位設定在離開焦點時才更新表單值。

範例 8-9 - 非同步驗證範例程式

https://stackblitz.com/edit/ng-book-v2-rf-async-validator

圖 8-10

進一步，若要讓是否存在可以給多個表單元件使用，我們可以建立 shouldBeExists 驗證器；由於每個表單所需要呼叫的服務方法會不一樣，因此這個驗證器會回傳 AsyncValidatorFn 型別。

```
TypeScript                              should-be-exists.validator.ts
1    export function shouldBeExists(
2      isExists: (value: string) => Observable<boolean>
3    ): AsyncValidatorFn {
4      return (control: AbstractControl): Observable<ValidationErrors | null> => {
5        if (!control.value) return of(null);
6
7        return isExists(control.value).pipe(
```

```
8          map((isExists) => (isExists ? null : { shouldBeExists: true }))
9        );
10     };
11   }
```

如此一來，就可以在設定驗證時傳入所需要呼叫的服務方法。

TypeScript	app.component.ts

```
1    relatedTask: new FormControl<string | null>(null, {
2      asyncValidators: [
3        shouldBeExists((value) => this.taskService.isExists(value)),
4      ],
5      updateOn: 'blur',
6    }),
```

範例 8-10 - 非同步驗證方法範例程式

https://stackblitz.com/edit/ng-book-v2-rf-async-validator

圖 8-11

▶ 8.3 表單模型常用方法

由於 Angular 會把 NgModel 與 NgModelGroup 指令轉成表單模型，因此在響應式表單中的狀態屬性與範本驅動表單相同。而這一節主要會說明在響應式表單中常用的方法。

本節目標

▶ 如何進行響應式表單的操作

8.3.1 表單值的存取與監控

在響應式表單中會利用表單的 value 屬性取得值的內容外，不過當表單欄位的狀態為停用（DISABLED）的時候，此欄位值並不會記錄到 value 屬性中；如果需要使用到已停用的欄位值，則可以改用 getRowValue() 方法。

另外，也可以利用 valuesChanges 屬性來監控使用者輸入，並搭配著 RxJS 運算子進行查詢。

```typescript
app.component.ts
1    this.relatedTask.valueChanges
2      .pipe(
3        debounceTime(500),
4        filter((content) => !!content),
5        distinctUntilChanged(),
6        takeUntil(this.stop$)
7      )
8      .subscribe({
9        next: (content) => console.log(`關聯事項：${content}`),
10     });
```

在上面程式中，我們監控了 relatedTask 屬性值的變化，並把這個值一行一行地傳入之後的 RxJS 運算子。當使用者 500 毫秒內未更新查詢值（第 3 行），且該值不是空白（第 4 行）以及與前一次不同（第 5 行）時，就會進行資料查詢（第 8 行）。因為這個監控會一直存在記憶體中，所以我們需要在元件被銷毀時，手動停止針對 relatedTask 屬性的監控（第 6 行）。

```typescript
TypeScript                                    app.component.ts
1    readonly stop$ = new Subject<void>();
2    ngOnDestroy(): void {
3      this.stop$.next();
4      this.stop$.complete();
5    }
```

範例 8-11 - valueChanges 範例程式

https://stackblitz.com/edit/ng-book-v2-rf-value-changes

圖 8-12

在開發響應式表單時，會使用 setValue() 方法來設定表單值。當要重設表單狀態與資料則會使用 reset() 方法，此方法會重設成一開始表單模型所定義的初始值。

不過，在使用 FormGroup 的 setValue() 方法時，要注意的是，當所設定的值必須包含了 FormGroup 內的所有屬性，否則會拋出例外錯誤。

```typescript
TypeScript                                    app.component.ts
1    onSetValue(): void {
2      this.form.setValue(new Task({ content: '待辦事項 A' }));
3    }
```

例如，當我們執行上面 onSetValue() 方法時，由於此方法只設定 content 屬性，因此 Angular 會拋出圖 8-13 例外。

```
⊗ ▸ERROR Error: NG01002: Must supply a value for form control      app.component.html:56
  with name: 'type'
       at forms.mjs:1591:19
       at forms.mjs:2815:24
       at Array.forEach (<anonymous>)
       at FormGroup._forEachChild (forms.mjs:2810:36)
       at assertAllValuesPresent (forms.mjs:1589:13)
       at FormGroup.setValue (forms.mjs:2667:9)
       at AppComponent.onSetValue (app.component.ts:79:15)
       at AppComponent_Template_button_click_38_listener (app.component.html:56:36)
       at executeListenerWithErrorHandling (core.mjs:16778:16)
       at wrapListenerIn_markDirtyAndPreventDefault (core.mjs:16811:22)
```

圖 8-13　執行 setValue 方法有缺少欄位錯誤訊息

此時會改用 FormGroup 的 patchValue() 方法，來針對部份表單欄位值的設定。

```typescript
TypeScript                                          app.component.ts

1      onSetValue(): void {
2        this.form.patchValue(new Task({ content: '待辦事項 A' }));
3      }
```

範例 8-12 - 表單值設定範例程式

https://stackblitz.com/edit/ng-book-v2-rf-set-value

圖 8-14

8.3.2　表單陣列結構的操作

另一件需要注意的事，在設定表單陣列值的時候，如果表單陣列內的表單模型個數與所設定的清單值個數不同，這個時候 Angular 只會依陣列內的模型個數去做設定（圖 8-15）。

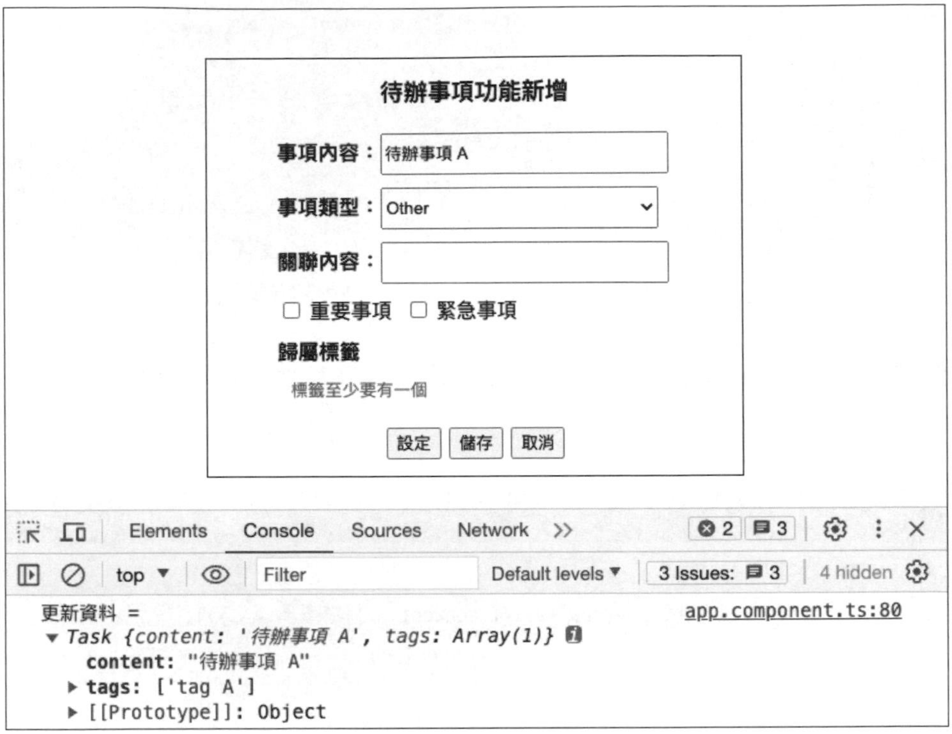

圖 8-15　表單陣列依結構個數設定值

因此，在設定表單陣列值之前，就要先利用 insert() 或 push() 方法在特定索引值或最後面新增項目的表單結構。

TypeScript	app.component.ts

```
1    onSetValue(): void {
2      const data = new Task({ content: '待辦事項 A', tags: ['tag A', 'tag B'] });
3      this.onAdd(data.tags.length);
4      this.form.patchValue(data);
5    }
6
7    onAdd(count = 1): void {
```

```
8      for (let index = 0; index <= count - 1; index++) {
9        const control = new FormControl<string | null>(null, {
10         validators: [Validators.required],
11       });
12       this.tags.push(control);
13     }
14   }
```

而若需要刪除特定表單陣列項目會使用 removeAt() 方法，clear() 方法則會
清除整個陣列項目，這些都是操作表單陣列常用的方法。

HTML	app.component.html

```
1    <div class="tags-header">
2      <strong>歸屬標籤</strong>
3      <span>
4        <button type="button" (click)="onAdd()">新增</button>
5        <button type="button" (click)="tags.clear()">清除</button>
6      </span>
7    </div>
8    <div
9      formArrayName="tags"
10     *ngFor="let control of tags.controls; let index = index"
11   >
12     <button type="button" (click)="tags.removeAt(index)">刪除</button>
13     <input type="text" [formControl]="control" />
14     <div class="error-message" *ngIf="control.hasError('required')">
15       標籤為必填欄位
16     </div>
17   </div>
```

範例 8-13 - 表單陣列操作範例程式

https://stackblitz.com/edit/ng-book-v2-rf-array-method

圖 8-16

8.3.3 表單狀態的設定與監控

如上一章所提到的，Angular 表單的狀態包含了停用（DISABLED）、驗證通過
（VALID）、驗證不通過（INVALID）與非同步驗證進行中的 PADDING。我們可
以利用 statusChanges 屬性來監控表單狀態的變化，並搭配著 RxJS 運算子
實作需求。

TypeScript	app.component.ts

```
1   this.relatedTask.statusChanges.pipe(takeUntil(this.stop$)).subscribe({
2     next: (status) => console.log('關聯事項狀態：', status),
3   });
```

順帶一提，我們可以利用 enable() 與 disable() 兩個方法來啟用與停用表
單。例如，下面程式監控了待辦事項類型值，當只有在類型為 Work 時才可
以輸入關聯事項。

TypeScript	app.component.ts

```
1   this.type.valueChanges
2     .pipe(
3       map((type) => type === 'Work'),
4       takeUntil(this.stop$)
```

```
5       )
6       .subscribe({
7         next: (enable) =>
8           enable ? this.relatedTask.enable() : this.relatedTask.disable(),
9       });
```

範例 8-14 - 表單狀態監控與設定範例程式

https://stackblitz.com/edit/ng-book-v2-rf-status

圖 8-17

8.3.4 表單驗證的設定

上一節我們都在表單定義去設定所需要的驗證，我們也可在元件執行過程中，使用 setValidators() 方法設定表單驗證；或使用 addValidators() 與 removeValidators() 方法動態的新增與移除特定的表單驗證；若要清除所有的驗證則可以用 clearValidators() 方法；把方法名稱的 Validators 改成 AsyncValidators 就可以針對非同步驗證進行操作。不過，在設定表單驗證後，都要呼叫 updateValueAndValidity() 方法，來執行設定後的表單驗證。

例如，下面程式實作了依待辦事項狀態決定關聯事項是否為必填。我們監控了類型的表單值（第 1 行），並依該值來新增（第 4 行）或移除（第 6 行）關聯事項的必填驗證，最後更新或重新驗證關聯事項欄位（第 8 行）。

```typescript
// TypeScript                                    app.component.ts
1    this.type.valueChanges.pipe(takeUntil(this.stop$)).subscribe({
2      next: (type) => {
3        if (type === 'Work') {
4          this.relatedTask.addValidators(Validators.required);
5        } else {
6          this.relatedTask.removeValidators(Validators.required);
7        }
8        this.relatedTask.updateValueAndValidity();
9      },
10   });
```

除此之外，Angular 也提供了 hasValidators() 與 hasAsyncValidator() 方法，來判斷表單欄位是否有特定的同步或非同步驗證。

範例 8-15 - 動態設定表單驗證範例程式

https://stackblitz.com/edit/ng-book-v2-rf-set-validator

圖 8-18

▶ 8.4 自訂表單元件

在 Angular 中，我們也可以讓元件實作 ControlValueAccessor 介面，讓這個元件可以使用在範本驅動表單或響應式表單中。這一節就來實作工作事項的表單元件。

本節目標

▶ 如何實作自訂表單元件

8.4.1 實作 ControlValueAccessor 介面

當我們要自訂表單元件時，可以把元件分成兩部份。第一部份為元件本身的功能需求，這個部份可以完全依照之前章節的說明，利用範本驅動表單或響應式表單開發。因此，我們可以將前一節所實作的待辦事項表單封裝成表單元件（TaskFormComponent），讓與表單相關的操作都在此元件實作。

首先，將待辦事項表單模型與操作都移至表單元件，並把頁面範本移至表單元件範本內。

TypeScript	task-form.component.ts

```
1   export class TaskFormComponent implements OnInit, OnDestroy {
2     readonly form = new FormGroup<ITaskForm>({ ... });
3     onAdd(count = 1): void { ... }
4   }
```

HTML	task-form.component.html

```
1   <ng-container [formGroup]="form">
2     <div>
3       <strong>事項內容：</strong>
4       ...
5     </div>
6     <div>
7       <strong>事項類型：</strong>
8       ...
9     </div>
10  </ng-container>
```

第二部份，就是實作 ControlValueAccessor 介面，讓這個元件可以使用在 Angular 表單開發方式中。

```typescript
// TypeScript                              task-form.component.ts
1    export class TaskFormComponent
2      implements OnInit, ControlValueAccessor, OnDestroy { }
```

這個介面需要實作幾個方法，第一個是 writeValue() 方法。這個方法用來定義當外層表單設定表單時，自訂表單元件要做什麼處理（Model to View）；在這裡我們將外層傳入的表單值，設定至內部的表單內。

```typescript
// TypeScript                              task-form.component.ts
1    writeValue(data: Task): void {
2      if (data) {
3        this.form.patchValue(data);
4      }
5    }
```

接著，設定當使用者操作介面而改變表單值時，需要通知上層表單更新上層的表單值（View to Model）。以及當使用者點擊而改變表單狀態的方法。

```typescript
// TypeScript                              task-form.component.ts
1    onChange!: (_: Task) => void;
2    onTouched!: () => void;
3
4    registerOnChange(fn: () => void): void {
5      this.onChange = fn;
6    }
7    registerOnTouched(fn: () => void): void {
```

```
8        this.onTouched = fn;
9    }
```

因此，我們會監控內部表單值的變化，當表單值改變時通知上層表單跟著
改變。

TypeScript	task-form.component.ts

```
1    ngOnInit(): void {
2      this.form.valueChanges.pipe(takeUntil(this.stop$)).subscribe({
3        next: () => {
4          if (this.onChange) this.onChange(this.formData);
5        },
6      });
7    }
```

順帶一提，若要讓外部表單在停用表單元件時，內部表單所要一併停用
時，可以在元件內實作 setDisableState() 方法。

TypeScript

```
1    setDisabledState(disabled: boolean) {
2      if (disabled) {
3        ...
4      } else {
5        ...
6      }
7    }
```

8.4.2 設定 NG_VALUE_ACCESSOR 令牌提供者

最後，如同上一章自訂表單驗證指令一樣，要將自訂的表單註冊成 NG_VALUE_ACCESSOR 的提供者。

```typescript
// TypeScript                              task-form.component.ts
1    {
2      provide: NG_VALUE_ACCESSOR,
3      useExisting: forwardRef(() => TaskFormComponent),
4      multi: true
5    },
```

在上面程式中，利用 useExisiting 設定已存在的表單元件為提供者，但我們不知道元件何時會被建立，因而使用了 forwardRef() 方法來避免引用到不存在的實體。

8.4.3 實作 Validator 介面

透過實作 Validator 介面，讓內部表單驗證未通過時，可以一併更新外層表單的狀態。所實作的 validate() 方法會依內部表單的驗證狀態，回傳 ValidationErrors 或 null。

然而，待辦事項表單含有非同步驗證，要實作 AsyncValidator 介面，validate() 方法則會回傳 Observable 的 ValidationErrors 或 null。

```typescript
// TypeScript                              task-form.component.ts
1    validate(): Observable<ValidationErrors | null> {
2      if (this.form.valid) {
3        return of(null);
```

```
4      }
5      return of({ invalid: true });
6    }
```

8.4.4 設定 NG_VALIDATORS 令牌提供者

最後只要在將這個表單設定成 NG_VALIDATORS 令牌的提供者。最後只要在將
這個表單設定成 NG_VALIDATORS 令牌的提供者。同樣地,待辦事項表單是實
作 AsyncValidator 介面,那我們需要設定成 NG_ASYNC_VALIDATORS 令牌的提
供者。

```
TypeScript                                    task-form.component.ts
1    {
2      provide: NG_ASYNC_VALIDATORS,
3      useExisting: forwardRef(() => TaskFormComponent),
4      multi: true,
5    }
```

如此一來,就完成了我們自訂的表單,可以在其他元件中利用範本驅動表
單或響應式表單的方式使用。

```
HTML                                            app.component.html
1    <app-task-form [formControl]="formControl"></app-task-form>
```

```
TypeScript                                       app.componet.ts
1    export class AppComponent {
2      private taskService = inject(TaskServiceToken);
3
```

```
4    readonly formControl = new FormControl<Task | null>(null);
5
6    onSave(): void {
7      this.taskService
8        .add(this.formControl.value!)
9        .subscribe((task) => console.log(task));
10   }
11 }
```

範例 8-16 - 自訂表單元件範例程式

https://stackblitz.com/edit/ng-book-v2-form-component

圖 8-19

功能頁面的切換 —
路由（Router）

▶ 9.1 利用路由切換頁面

透過 Angular 開發單一頁面應用程式（Single-Page Application, SPA）時，會利用路由機制實作不同頁面間的切換。這一節會說明如何利用路由機制進行頁面切換。

本節目標

▶ 如何定義頁面路由資訊

▶ 如何切換功能頁面

9.1.1 應用程式的路由模組

當利用 Angular CLI 建立專案時，選擇了需要加入路由機制時，CLI 會建立
AppRoutingModule 模組，整個應用程式的路由都會在這個模組中定義。

```typescript
const routes: Routes = [];

@NgModule({
  imports: [RouterModule.forRoot(routes)],
  exports: [RouterModule],
})
export class AppRoutingModule {}
```

在這個模組中會匯入 RouterModule 模組。這個模組包含了用來顯示路由
頁面的 RouterOutlet 指令，或是用來切換的 RouterLink 指令等，並透過
forRoot() 方法定義應用程式根路由的設定。

需注意的是，為了讓 Angular 應用程式只會建立一個 Router 服務實體，
所以整個 Angular 應用程式只能有一個 forRoot() 方法的定義，一般會在
根模型（AppModule）中使用；設定在其他特性模組中的路由皆需要使用
forChild() 方法定義。

9.1.2 基本路由定義

頁面路由是透過 Routes 型別的物件，定義路徑與元件之間的關係。在下面
程式，我們定義在 task 路徑時載入 TaskPageComponent 元件。

```
TypeScript                                    app-routing.module.ts
1    const routes: Routes = [
2      { path:'task/list', component:TaskPageComponent },
3    ];
```

🎯 **實作前置作業**

為了方便檢視之後所實作的路由功能，實作前先建立待辦事項表單頁面元件（TaskFormPageComponent），並先把目前 AppComponent 內的程式移過去。

接著，透過 RouterOutlet 指令來決定頁面所需要顯示的位置。

```
HTML                                            app.component.html
1    <router-outlet></router-outlet>
```

如此一來，就可以在瀏覽器中輸入 http://localhost:4200/task 網址來載入頁面。Angular 會從 / 後面的路徑與路由定義進行比較，進而載入所對應的頁面元件。

圖 9-1　進入工作事項清單頁面

當我們把 path 屬性設定為空字串時，可以作為應用程式預設頁面，Angular
會在網址為 http://localhost:4200/ 載入頁面。

TypeScript   **app-routing.module.ts**

```
1    { path: '', component: MainPageComponent },
```

首頁

圖 9-2　預設頁面路由設定程式結果

9.1.3 轉址路由定義

除了定義在特定路徑下載入頁面元件外，我們可以利用 redirectTo 屬性指定在特定路徑下轉址到其他路徑中。

```typescript
app-routing.module.ts
1    {
2      path: 'task',
3      pathMatch: 'full',
4      redirectTo: 'task/list'
5    }
```

在上面程式中，我們指定了路由在 task 的時候，轉址到 task/list 路徑中。其中在定義轉址路中時，必須要指定 patchMatch 屬性，來決定用什麼方式比較路由路徑；此屬性預設為 prefix，當指定為 full 表示必須要完全相同。需要注意的是，轉址型的路由最多只能轉向一次。

9.1.4 萬用路由（wildcard route）定義

預設上 Angular 找不到路由定義的時候會拋出例外，我們可以在路由設定加入萬用路由，在發生找不到路由的時候，可以導向指定的頁面元件。

```typescript
app-routing.module.ts
1    { path:'**', component: NotFoundPageComponent }
```

需注意的是，因為 Angular 會先選擇優先符合的路由設定，所以這個路由一定要是最後一個設定，否則整個應用程式的頁面都會導向這個路由設定。

圖 9-3　找不到路由設定程式結果

9.1.5 利用 routerLink 指令切換路由頁面

在一般網頁應用程式中，會利用 `<a>` 標籤的 `href` 屬性來切換頁面，而在
Angular 應用程式中，則會使用 `routerLink` 指令來進行頁面的切換。這個指
令可以利用固定字串的方式指定，或是繫結一個文字陣列。

```
HTML                                              app.component.html
1    <a routerLink="/">首頁</a>
2    <a [routerLink]="['task', 'list']">工作事項</a>
```

另外，我們可以利用 `routerLinkActive` 指令指定樣式類別，讓導覽列可以
顯示當下的路由位置。

```
HTML                                              app.component.html
1    <a routerLink="/" routerLinkActive="active">首頁</a>
2    <a [routerLink]="['task', 'list']" routerLinkActive="active">工作事項</a>
```

不過從圖 9-4 可以看到上面程式的結果，連「首頁」的連結按鈕也套用了樣式。這是因為 routerLinkActive 指令預設上會套用上層的路徑，所以 /task/list 路徑與 / 路徑是比較成功的。

圖 9-4 使用 routerLinkActive 指令指定樣式

要解決這個問題，只要使用 routerLinkActiveOptions 指令就可以了。

```html
1    <a routerLink="/"
2      routerLinkActive="active"
3      [routerLinkActiveOptions]="{exact: true}">
4      首頁
5    </a>
```

9.1.6 利用 Router 服務方法切換路由頁面

除了利用 routerLink 指令切換路由頁面外，Angular 還提供了 Router 服務來實作頁面的切換。我們可以透過 Router 服務的 navigate() 方法，這個方法會傳入文字陣列的路由資訊。因此我們可以針對待辦事項表單頁面設定路由，並點選清單頁面中的新增按鈕後透過下面程式導覽到表單頁面。

```typescript
// TypeScript                    task-page.component.ts
1    onAdd(): void {
2      this.router.navigate(['task', 'form']);
3    }
```

下面程式則是在表單頁面中，利用 navigateByUrl() 方法導覽回清單頁面，此方法會傳入路由路徑字串。

```typescript
// TypeScript                task-form-page.component.ts
1    onCancel(): void {
2      this.router.navigateByUrl('task/list');
3    }
```

範例 9-1 - 路由設定範例程式
https://stackblitz.com/edit/ng-book-v2-router

圖 9-5

▶ 9.2 路由的參數與資料傳遞

實務上，應用程式在切換頁面時，常會需要傳遞資料給下一個頁面。這一節主要會說明如何在頁面切換時傳遞需要的資料。

本節目標

▶ 如何在路由切換時傳遞各種類型的參數

▶ 如何取得上一頁路由頁面傳遞各種類型的參數

9.2.1 路由參數的傳遞與取得

我們可以利用類似於變數的方式，在 Angular 路由中定義變更的路徑；而這種參數在頁面切換時是必須被指定的，否則會在進行路由比較時，找不到所對應的路由資訊。

圖 9-6 網址結構

在路由定義中，可以利用冒號（:）的方式指定一個路由變數。例如，當我們要切換到特定待辦事項的編輯表單頁面，就可以定義路由為：

```typescript
app-routing.module.ts
1  {
2    path:'task/form/:id',
3    component:TaskFormPageComponent
4  }
```

如此一來，就可以在清單頁面中，依使用者點選的待辦事項編輯按鈕切換頁面。

```typescript
task-page.component.ts
1  onEdit(task: Task): void {
2    const path = ['task', 'form', task.id];
3    this.router.navigate(path);
4  }
```

接著，在待辦事項表單頁面中，會利用 ActivatedRoute 服務來取得路由路徑中的變數內容。

TypeScript	task-form-page.component.ts

```
1    private route = inject(ActivatedRoute);
```

在下面程式中，我們在 ngOnInit() 鉤子方法利用 ActivatedRoute 內的 snapshot 屬性來取得 id 的路由變數，再透過這個變數值去取得待辦事項資料並設定表單值。

TypeScript	task-form-page.component.ts

```
1    ngOnInit(): void {
2      if (this.route.snapshot.paramMap.has('id')) {
3        this.id = +this.route.snapshot.paramMap.get('id')!;
4        this.taskService.getTask(this.id).subscribe({
5          next: (task) => this.formControl.setValue(task),
6        });
7      }
8    }
```

不過因為 OnInit() 方法只會在元件載入時觸發一次，如果在表單頁面中，可以切換至其他待辦事項的表單頁面需求時，就會在路由切換後無法再次利用 snapshot 所取得的路由變數，而導致表單資料沒有正確更換（如圖 9-7）。

圖 9-7 使用 snapshot 導致的路由與表單資料不一致

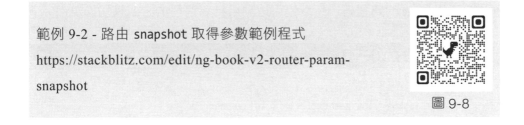

範例 9-2 - 路由 snapshot 取得參數範例程式

https://stackblitz.com/edit/ng-book-v2-router-param-

snapshot

圖 9-8

要解決這個問題，可以訂閱 `ActivatedRoute` 服務中的 `paramMap` 屬性，來監控路由變數的變化。

在下面程式中，當路由參數變化時，利用 `get()` 方法取得的工作事項編號，進一步取得與記錄工作事項資訊。需要注意一點，當元件裡有注入

ActivatedRoute，在 Router 建立元件時會一併建立 ActivatedRoute 實體，而此元件被銷毀的同時，被注入至元件的 ActivatedRoute 實體也會一併被銷毀，因此不需要手動取消訂閱。

TypeScript	task-form-page.component.ts

```
1    this.route.paramMap
2      .pipe(
3        map((paramMap) => paramMap.get('id')),
4        filter((id) => !!id),
5        map((id) => +id!),
6        tap((id) => (this.id = id)),
7        switchMap((id) => this.taskService.getTask(id))
8      )
9      .subscribe({
10       next: (task) => this.formControl.setValue(task),
11     });
```

順帶一提，我們在實作表單頁面的下一筆按鈕需求時，因為頁面的切換都是在 /task/form 的路徑下，所以也可以利用相對路徑的方式來切換頁面。

TypeScript	task-form-page.component.ts

```
1    onNext(): void {
2      this.taskService.getNextId(this.id!).subscribe({
3        next: (id) =>
4          this.router.navigate([`../${id}`], { relativeTo: this.route }),
5      });
6    }
```

如上面程式，我們呼叫 Router 服務的 navigate() 方法時，透過第二個參數把當下頁面的路由資訊作為切換路由的依據，並在第一個參數指定目標頁面的相對位置。

範例 9-3 - 路由監控取得參數範例程式

https://stackblitz.com/edit/ng-book-v2-router-param

圖 9-9

在 Angular 16 新增自動把路由參數直接繫結到頁面元件的輸入型屬性。首先，先在路由設定中開啟這個特性。

```typescript
// app-routing.module.ts
@NgModule({
  imports: [RouterModule.forRoot(routes, { bindToComponentInputs: true })],
  exports: [RouterModule],
})
export class AppRoutingModule {}
```

接著，就可以在待辦事項表單頁面元件的編號屬性加入 @Input 裝飾器。

```typescript
// task-form-page.component.ts
export class TaskFormPageComponent implements OnChanges {
  ...
  @Input({ transform: numberAttribute })
  id?: number;

  readonly formControl = new FormControl<Task | null>(null);
```

```
7
8      ngOnChanges(changes: SimpleChanges): void {
9        if (changes['id'] && this.id) {
10         this.taskService.getTask(this.id!).subscribe({
11           next: (task) => this.formControl.setValue(task),
12         });
13       }
14     }
15     ...
16   }
```

如此一來，當路由參數有變更時，就會觸發 ngOnChanges 鉤子方法。因此，我們可以把待辦事項資料取得作業移到此方法內。

範例 9-4 - 路由參數繫結到輸入性屬性範例程式
https://stackblitz.com/edit/ng-book-v2-router-param-input

圖 9-10

9.2.2 查詢字串的傳遞與取得

假設現在有一個需求：在清單頁面上，當沒有指定頁碼的時候就顯示第 1 頁，否則會依指定的頁碼顯示資料。要實作這種傳遞的非必要資訊的需求時，可以透過指定查詢字串來實作。查詢字串是在路徑後面的資訊，以問號（?）開頭，多數參數之間則以 & 分隔，且參數間沒有任何的關係性。

```
http://localhost:4200/task/list?pageIdx=2&pageSize=5
                 路徑          查詢字串（Query String）
```

圖 9-11　查詢字串

因為查詢字串不是必要參數，所以我們不用做路由定義。只要在 routeLink 指令將查詢字串繫結在 queryParams 屬性中：

HTML	app.component.html

```
1   <a
2     [routerLink]="['task', 'list']"
3     routerLinkActive="active"
4     [queryParams]="{ pageIdx: 1, pageSize: 5 }"
5   >
6     待辦事項
7   </a>
```

如果是利用 Router 服務的話，則是指定 navigate() 第二個參數的 queryParams 屬性：

TypeScript	task-page.component.ts

```
1   onNextPage(moveIndex: number): void {
2     this.router.navigate([], {
3       relativeTo: this.route,
4       queryParams: {
5         pageIdx: this.pageIndex + moveIndex,
6         pageSize: this.pageSize,
7       },
8     });
9   }
```

我們一樣可以利用 ActivatedRoute 內的 snapshot 屬性來取得頁碼與每頁筆
數的資訊。

```
TypeScript                                    task-page.component.ts
1    const pageIndex =
2      +this.route.snapshot.queryParamMap.get('pageIdx');
3    const pageSize =
4      +this.route.snapshot.queryParamMap.get('pageSize');
```

或者是訂閱 ActivatedRoute 服務中的 queryParamMap 屬性，來監控查詢字串
的變化。

```
TypeScript                                    task-page.component.ts
1    this.route.queryParamMap.pipe(
2      map((queryParamMap) => ({
3        index: +(queryParamMap.get('pageIdx') ?? 1),
4        size: +(queryParamMap.get('pageSize') ?? 2),
5      })),
6      ...
7    );
```

由於從路由所取得的資料會是字串型別，因此在上面程式中，我們利用 +
來轉換成數值型別，並在未設定的時候給預設值。

另外，實務上可能會需要在頁面切換時，一併把查詢字串傳遞過去。例
如，在編輯工作事項時，把清單分頁參數一併傳到表單頁面中，以便切換
回清單頁面時，可以顯示先前的頁數。

```
TypeScript                                task-page.component.ts
1    onEdit(task: Task): void {
2      this.router.navigate(['task', 'form', task.id], {
3        queryParamsHandling: 'preserve',
4      });
5    }
```

無論在 routeLink 指令或 Router 服務的 navigate() 方法，都可以指定
queryParamsHandling 參數值為 preserve，在切換頁面時保留當前的查詢字
串。若把這個參數的設定為 merge，則會把當下的查詢字串與切換時指定的
查詢字串結合成新的查詢字串。例如清單在換頁時，一般而言是不會改變
每頁筆數的，因此也可以寫成：

```
TypeScript                                task-page.component.ts
1    this.router.navigate([], {
2      relativeTo: this.route,
3      queryParamsHandling: 'merge',
4      queryParams: {
5        pageIdx: this.pageIndex + moveIndex,
6      },
7    });
```

利用指定 queryParamsHandling 參數為 merge，來把目前的分頁資訊與新的
頁碼值合併起來。

範例 9-5 - 查詢字串範例程式

https://stackblitz.com/edit/ng-book-v2-router-query-string

圖 9-12

同樣地，在 Angular 16 之後也可以直接把查詢字串繫結到輸入型屬性。

TypeScript	task-page.component.ts

```typescript
1   @Input({ transform: (value: string) => +(value ?? '1') })
2   pageIdx!: number;
3
4   @Input({ transform: (value: string) => +(value ?? '2') })
5   pageSize = 2;
6
7   ngOnInit(): void { ... }
8
9   ngOnChanges(changes: SimpleChanges): void {
10    if (changes['pageIdx']) {
11      this.refresh.next();
12    }
13  }
```

範例 9-6 - 查詢字串繫結到輸入性屬性範例程式

https://stackblitz.com/edit/ng-book-v2-router-query-string-inputt

圖 9-13

9.2.3 路由資料的傳遞與取得

除了利用網址的方式傳遞資料，Angular 也提供了預載資料的方式來傳遞
資料。在之前待辦事項表單範例裡，我們監控路由變數的變化，在表單頁
面元件取得待辦事項資料。然而，這部份也可以變更成：在路由切換的時
候，先取得待辦事項資料，再載入表單頁面元件。

我們可以利用 Angular CLI 建立 Resolver 來實作這樣的需求。順帶一提，
CLI 指令中的 resolver 可以縮寫為 r。

```
$ ng generate resolver 名稱 [參數]
```

```
> ng generate resolver task-feature/resolvers/task
CREATE src/app/task-feature/resolvers/task.resolver.spec.ts (486 bytes)
CREATE src/app/task-feature/resolvers/task.resolver.ts (132 bytes)
```

圖 9-14 利用 Angular CLI 建立 Resolver 服務

Angular 15 已棄用了實作 Resolve 介面的類別撰寫方式，Angular CLI 會建
立一個 ResolveFn 型別的函式，我們會將需要預先載入資料的程式邏輯放在
這個方法內。

TypeScript	task.resolver.ts

```
1   export const taskResolver: ResolveFn<Task> = (
2     route,
3     state,
4     taskService = inject(TaskServiceToken)
5   ) => {
6     const id = route.paramMap.get('id');
7     return taskService.getTask(+id!);
8   };
```

在上面程式中,我們利用 inject 函式取得待辦事項服務實作,並利用此服務取得待辦事項表單頁面所需要的資料。而在方法內利用傳入的 ActivatedRouteSnapshot 參數取得路由裡的路由變數。

```typescript
1    {
2      path: 'task/form/:id',
3      component: TaskFormPageComponent,
4      resolve: { task: taskResolver }
5    },
```
TypeScript — app-routing.module.ts

接著,在路由定義中,把 taskResolver 方法加入到 relsove 物件屬性,就可以在載入表單頁面前取得資料。與路由參數一樣,透過訂閱 data 屬性或者是利用 snapshot 屬性取得傳入的資料。

```typescript
1    this.route.data
2      .pipe(
3        map(({ task }: Data) => task),
4        filter((task) => !!task),
5        tap((task) => (this.taskId = task.id))
6      )
7      .subscribe({
8        next: (task) => this.formControl.setValue(task),
9      });
```
TypeScript — task-form.component.ts

當我們要傳遞的資料是一般字串型別,但又不想公開在網址內的時候,可以把資料設定在路由定義中的 data 屬性。

```typescript
// app-routing.module.ts
1   {
2     path: 'task/form',
3     component: TaskFormPageComponent,
4     data: { action: '新增' },
5   },
6   {
7     path: 'task/form/:id',
8     component: TaskFormPageComponent,
9     data: { action: '編輯' },
10    resolve: { task: taskResolver },
11  },
```

接著，就可以利用與 resolve 屬性的取得方式一樣的方式取得這個資料。

```typescript
// task-form.component.ts
1   this.action = this.route.snapshot.data['action']
```

Angular 16 中也可以繫結到輸入型屬性中。

```typescript
// task-form.component.ts
1   @Input()
2   action!: string;
```

範例 9-7 - 預先載入資料範例程式

https://stackblitz.com/edit/ng-book-v2-router-data

圖 9-15

▶ 9.3 子路由與延遲載入 （Lazy Loading）

Angular 在路由設定上也支援子路由的定義方式，進一步還可以設定成延遲載入，讓使用者在切換至特定模組頁面時，才載入對應的模組檔案。這一節會說明如何設定這兩個路由的定義，以及 Angular 內建的載入策略。

本節目標

▶ 如何定義子路由與延遲載入

▶ Angular 支援的三種路由載入策略

9.3.1 子路由的設定

在 Angular 的路由設定中，可以依照路徑結構將路由定義成較為結構性。例如，先前的範例中，工作事項的頁面都定義在 /task/ 之下，因此我們可以將這部份改寫成：

```typescript
{
  path: 'task',
  children: [
    { path: 'list', component: TaskPageComponent },
    {
      path: 'form',
      component: TaskFormPageComponent,
      data: { action: '新增' },
    },
    {
      path: 'form/:id',
      component: TaskFormPageComponent,
      data: { action: '編輯' },
      resolve: { task: taskResolver },
    },
  ],
},
```

如上面程式，透過 children 屬性定義下一層的路由資訊，這樣的定義方式在 task 這階層中沒有指定對應的頁面元件。如果在這層路由指定了頁面元件時，該頁面元件就會需要有 RouterOutlet 指令來顯示其下路由的頁面。

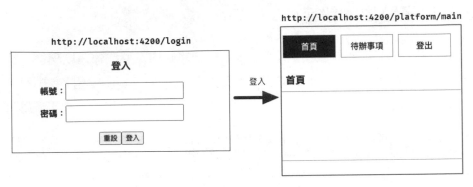

圖 9-16　使用者登入後才會載入首頁

例如，我們依圖 9-16 的顯示頁面結果，希望在工作事項的需求中加入登入的頁面，一開始使用者會進入登入頁面，只有在進行登入後，才會顯示工作事項的首頁；因此，我們可以將路由設計成如圖 9-17 的樣子。

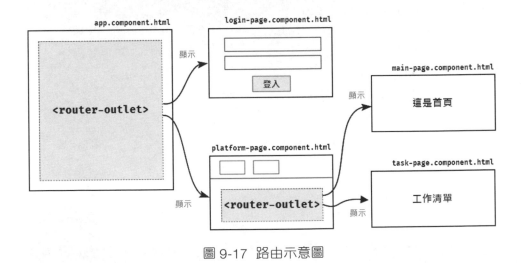

圖 9-17　路由示意圖

因此，建立 PlatformPageComponent 頁面元件，替代 AppComponent 元件作為顯示工作事項頁面的元件。而 AppComponent 元件的頁面就會只放置一個 RouterOutlet 指令，來顯示登入頁面與原工作事項頁面 [1]。

```typescript
1    { path: 'login', component: LoginPageComponent },
2    {
3      path: 'platform',
4      component: PlatformPageComponent,
5      children: [
6        { path: 'main', component: MainPageComponent },
7        { path: 'task', children: [ ... ] }
8      ]
9    }
```

接著，我們只要在路由定義中，如上面程式，將 login 與 platform 作為根路由，並將原本的工作事項路由作為 platform 的子路由，就完成了工作事項的登入頁面需求。

範例 9-8 - 子路由範例程式

https://stackblitz.com/edit/ng-book-v2-router-child

圖 9-18

---

1 這個部份的程式可以搭配著 StackBlitz 範例程式網址進行實作。

9.3.2　延遲載入的設定

在預設狀態下，Angular 編譯時會把應用程式內的元件打包到 main.js 內，
並在使用者載入應用程式時，將這個檔案下載到用戶端（圖 9-19）。

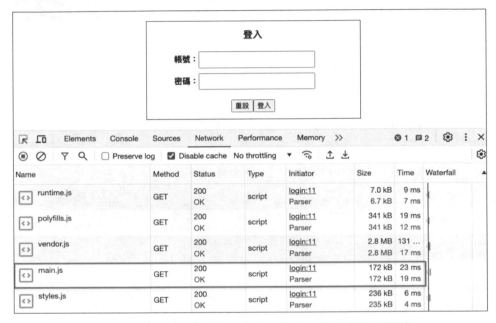

圖 9-19　未設定延遲載入時會下載完整的應用程式檔案

不過在較複雜的 Angular 應用程式中，有時候會需求減少運行時所載入的 js
檔案大小，讓使用者能更快速的看到頁面內容，而有更好地操作體驗。此
時就可以利用延遲載入的機制，在使用者選點頁面時，才以模組為單位載
入對應的 js 檔案。

首先，把屬於待辦事項的路由移至 TaskFeatureRoutingModule 內。

```typescript
TypeScript                          task-feature-routing.module.ts
1    const routes: Routes = [
2      { path: 'list', component: TaskPageComponent },
3      {
4        path: 'form',
5        component: TaskFormPageComponent,
6        data: { action: '新增' },
7      },
8      {
9        path: 'form/:id',
10       component: TaskFormPageComponent,
11       data: { action: '編輯' },
12       resolve: { task: taskResolver },
13     },
14   ];
15
16   @NgModule({
17     imports: [RouterModule.forChild(routes)],
18     exports: [RouterModule],
19   })
20   export class TaskFeatureRoutingModule {}
```

接著，就可以把 AppRoutingModule 裡 task 路徑的子路由修改成用延遲載入方式定義。

```typescript
// app-routing.module.ts
1    {
2      path: 'task',
3      loadChildren: () => import('./task-feature/task-feature.module').
     then(m => m.TaskFeatureModule)
4    },
```

需要注意的是：當我們把 TaskFeatureModule 模組設定為延遲載入時，那在 AppModule 模組中不能跟 TaskFeatureModule 模組有相依關係。簡單的說就是在 AppModule 模組中不能匯入 TaskFeatureModule 模組。

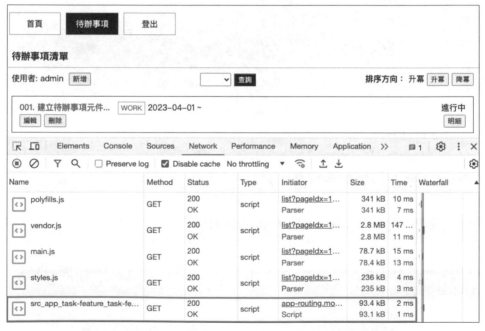

圖 9-20 設定延遲載入時會依使用者動作加載對應模組

如圖 9-20，透過 Chrome DevTool 可以看到，原來的 `main.js` 檔案大小減少，而且在使用者進入工作事項清單時，才會載入 `TaskFeatureModule` 模組的 js 檔案。

Angular 除了預設的載入完整的應用程式 js 檔案，以及利用延遲載入的路由設定，在使用者進入模組頁面時，才載入對應模組的 js 檔案兩種方式外，還可以在根路由模組中，把模組載入策略設定為預先載入全部模組。

```typescript
import { PreloadAllModules } from '@angular/router';

@NgModule({
  imports: [
    RouterModule.forRoot(routes, {
      preloadingStrategy: PreloadAllModules
    })
  ],
  exports: [RouterModule],
})
export class AppRoutingModule {}
```

如此一來，在使用者進入頁面時，就將延遲載入的模組檔案在背景載入。

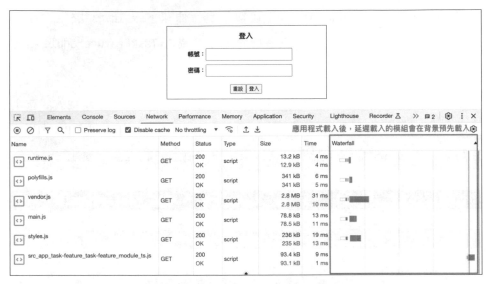

圖 9-21 預先載入全部模組機制

範例 9-9 - 延遲載入範例程式

https://stackblitz.com/edit/ng-book-v2-router-lazy-load

圖 9-22

在延遲路由的設定下，當載入路由時也會建立新個模組注入器，因此，可以在延遲載入的路由設定中，指定所需要的提供者令牌設定。例如，原本在 AppModule 模組所定義的待辦事項服務的提供者設定，就可以移到待辦事項路由設定中，代表著在 task 路由路徑下的子路由都使用這個服務提供者。

TypeScript   **app-routing.module.ts**

```typescript
1    {
2      path: 'task',
3      providers: [{ provide: TaskServiceToken, useClass: TaskRemoteService }],
4      loadChildren: () => import('./task-feature/task-feature.module').then(m
    => m.TaskFeatureModule)
5    }
```

範例 9-10 - 延遲載入路由提供者設定範例程式

https://stackblitz.com/edit/ng-book-v2-lazy-router-provider

圖 9-23

▶ 9.4 路由守門員（Router Guard）

在實務上我們常會依照使用者權限來決定是否可以進入頁面，如果沒有權限就轉址到其他頁面。我們可以在路由設定中，利用 Angular 提供的路由守門員的機制，來決定使用者是否可以進入或離開特定頁面。

本節目標

▶ 了解 Angular 提供的路由守門員設定方式

9.4.1　利用 Angular CLI 建立路由守門員

在 Terminal 終端機中執行下面命令，利用 Angular CLI 來建立路由守門員。

```
$ ng generate guard 名稱 [參數]
```

也可以利用縮寫的方式來簡化命令：

```
$ ng generate g 名稱 [參數]
```

```
> ng generate guard guard/auth
? Which type of guard would you like to create? (Press <space> to
select, <a> to toggle all, <i> to invert selection, and <enter> to
proceed)
>● CanActivate
 o CanActivateChild
 o CanDeactivate
 o CanMatch
CREATE src/app/guard/auth.guard.spec.ts (461 bytes)
CREATE src/app/guard/auth.guard.ts (128 bytes)
```

圖 9-24　利用 Angular CLI 建立路由守門員

從圖 9-24 可以得知，路由守門員可以指定多種類型，我們也可以直接在下達命令時設定 --implements 參數。例如，要建立一個 CanActivate 類型的守門員，就可以執行：

```
$ ng g g auth --implements=CanActivate
```

9.4.2　檢查是否有權限進入頁面

與 Resolver 一樣，Angular 15 已棄用了實作 CanActivate 介面的撰寫方式，Angular CLI 會建立一個 CanActivateFn 型別的函式，當我們需要判斷使用者是否可以進入頁面，就會在此方法依判斷斷結果回傳布林值或 UrlTree，也可以回傳 Observable 或 Promise 型別。

```typescript
TypeScript                                          auth.guard.ts
1    export const authGuard: CanActivateFn = (
2      route,
3      state,
4      router = inject(Router),
5      authService = inject(AuthService)
6    ) => {
7      if (authService.checkLogin()) {
8        return true;
9      }
10     return router.parseUrl('/login');
11   };
```

在上面程式中，當使用者已經登入時直接回傳 true，否則利用 router 服務 parseUrl() 方法取得登入頁面的 UrlTree 資訊，讓 Angular 導向登入頁面。

接著，只要在路由定義中，把 authGuard 設定到路徑 platform 的 canActivate 屬性，就可以在使用者進入首頁時檢查是不是已經登入了。

```typescript
TypeScript                                   app-routing.module.ts
1    {
2      path: 'platform',
3      component: PlatformPageComponent,
4      canActivate: [authGuard],
5      children: [ ... ]
6    }
```

另外，Angular 也提供了 CanActivateChild 介面，用來在子路由頁面切換中檢查是否允許進入頁面。依圖 9-25 為例，現在有 Page A 與 Page B 兩個頁面，而且這兩個頁面皆有兩個子路由頁面。另外，在 Page A 的路由中指定了 canActivate 與 canActivateChild 兩個守門員，而在 Page B 的路由中則只指定了 canActivate 守門員。

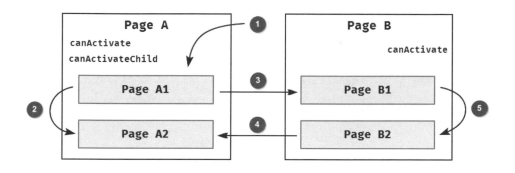

圖 9-25　CanActivate 與 CanActivateChild 運作說明案例

- **當一開始頁面載入到 Page A 下的 A1 時（第 1 點）**

  因為直接從外面進入，所以 canActivate() 與 canActivateChild() 兩個方法都會被執行。

- **從 A1 切換至同樣為 Page A 子路由的 A2 時（第 2 點）**

  由於已檢查過是否允許進入 Page A，所以只會執行 canActivateChild() 方法來檢查是不是允許進入 A2 頁面。

- **從 A1 切換至 Page B 子路由的 A1 時（第 3 點）**

  因為 Page B 沒有設定 canActivateChild 守門員，所以只會執行判斷是否允許進入 Page B 的 canActivate() 方法。

- 如果從 **Page B** 的 **B2** 頁面切換至 **Page A** 的 **A2** 頁面（第 **4** 點）

  因為是重新進入 Page A，所以會與第 1 點一樣，canActivate() 與 canActivateChild() 兩個方法都會被執行。

- 如果在 **Page B** 裡的 **B1** 頁面切換至 **B2** 頁面時（第 **5** 點）

  因為 Page B 沒有設定 canActivateChild 守門員，而且已檢查過是否允許進入 Page B，所以在這個切換是不會執行任何守門員方法。

由上述各種情境的描述得知，當我們要檢查子路由的進入權限，除了在每個子路由定義中都設定 canActivate 屬性外，還可實作 CanActivateChild 介面的 canActivateChild() 方法，並只要在父路由定義中指定 canActivateChild 屬性即可。

例如，我們希望只有在使用者是 admin 時，才可以進入待辦事項頁面，就可以先定義 CanActivateChildFn 函式。

```typescript
TypeScript                                                limit.guard.ts
1    export const limitGuard: CanActivateChildFn = (
2      childRoute,
3      state,
4      router = inject(Router),
5      authService = inject(AuthService)
6    ) => {
7      if (authService.checkAdmin()) {
8        return true;
9      } else {
10       return router.parseUrl('/platform/access-denied');
11     }
12   };
```

接著，在路由中把 `limitGuard` 設定在待辦事項路由定義中的 `canActivateChild` 屬性。

```typescript
1    {
2      path: 'task',
3      canActivateChild: [limitGuard],
4      ...
5    }
```
TypeScript   app-routing.module.ts

⏰ CanActivate v.s CanActivateChild

若要用較為生活化的方式來了解這兩者的差異，可以把整個路由定義當作一棟大樓，每個父路由就是每一層樓，而子路由則為每一層房間。只要我們要移動到不同的樓層時，就會有名字叫做 CanActivate 的警衛來檢查我們是不是能進入這層樓。同樣地，只要我們要移動到不同房間時，房間警衛 CanActivateChild 就會來檢查我們的權限。

範例 9-10 - 路由進入守門員範例程式

https://stackblitz.com/edit/ng-book-v2-router-can-activate

圖 9-26

9.4.3 檢查是否可以離開頁面

我們還可以實作 CanDeactivateFn 守門員函式，來檢查使用者是不是被允許離開頁面。例如，使用者在離開頁面時，檢查頁面的表單是不是已被輸入過，來決定要不要詢問使用者是否確定離開頁面。

CanDeactivateFn 是一個泛型函式，會指定為要檢查的頁面元件。因此，在這裡會指定為 TaskFormPageComponent 元件，就可以利用元件內的表單模型來判斷使用者是否已經輸入過。

```typescript
export const taskFormGuard: CanDeactivateFn<TaskFormPageComponent> = (
  component,
  currentRoute,
  currentState,
  nextState
) => {
  if (component.formControl.dirty) {
    return confirm('你已編輯表單，確定要離開頁面');
  } else {
    return true;
  }
};
```

最後，只要在工作事件表單的路由設定中，將 canDeactivate 屬性設定為 TaskFormGuard，就可以在使用者離開表單頁面時再次確認。

```
TypeScript                              task-feature-routing.module.ts
1    {
2      path: 'form',
3      component: TaskFormPageComponent,
4      canDeactivate: [taskFormGuard]
5    },
```

範例 9-12 - 路由離開守門員範例程式

https://stackblitz.com/edit/ng-book-v2-router-can-deactivate

圖 9-27

▶ 9.5 其他路由設定

先前章節説明了 Angular 的路由機制的主要觀念，而在最後的
這節裡，會針對 Angular 的路由機制其他的設定進行説明。

本節目標

▶ 了解 Angular 內建路由策略

▶ 了解路由事件觸發的過程

▶ 如何讓 Angular 路由強制重新整理頁面

9.5.1 Angular 內建路由策略

在 Angular 路由機制中，預設利用 PathLocationStrategy 策略，來更新瀏覽器的當下網址以及歷史記錄。

```
http://localhost:4200/task/list
```

圖 9-28 PathLocationStrategy 策略網址結構

```html
HTML                                                    index.html
1    <head>
2      <meta charset="utf-8">
3      <base href="/">
4    </head>
```

需要注意的是，為了讓 Angular 路由機制能正常運作，會在 index.html 檔案中定義應用程式的根路徑。如果未設定的話，就會讓 Angular 應用程式找不到網頁，而拋出 404 – Not Found 的錯誤訊息。

另外，我們也可以透過設定根路由的 useHash 屬性，來讓 Angular 改用 HashLocationStrategy 路由策略。

```
http://localhost:4200/#/task/list
```

圖 9-29 HashLocationStrategy 策略網址結構

```typescript
TypeScript                              app-routing.module.ts
1    @NgModule({
2      imports: [RouterModule.forRoot(routes, { useHash: true })],
3      exports: [RouterModule],
4    })
```

為了因應利用獨立元件[2]啟動應用程式，Angular 新增了 provideRouter() 方法來設定路由資訊，而在 Angular 15.1 以後可以在此方法中使用 withHashLocation() 方法設定 HashLocationStrategy 路由策略。

```TypeScript
provideRouter(appRoutes, withHashLocation())
```

9.5.2 追蹤與訂閱路由事件

在 Angular 應用程式中，每次切換頁面時會與元件的生命週期一樣，會觸發一連串的路由事件。我們可以設定根路由的 enableTracing 屬性，來追蹤完整的路由資訊。

```TypeScript
                                          app-routing.module.ts
1   @NgModule({
2     imports: [RouterModule.forRoot(routes, {
3       enableTracing: true
4     })],
5     exports: [RouterModule],
6   })
```

另外，若要在特定的路由事件中去實作需求，則會訂閱 Router 服務內的 events 屬性。

---

2 關於利用獨立元件啟動應用程式可見第 11.1 節

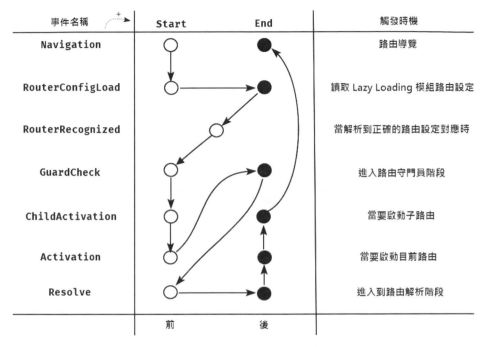

圖 9-30　Angular 路由事件

圖 9-26 為 Angular 從路由導覽開始（NavigationStart）到路由導覽結束（NavigationEnd）之間的事件順序。除了圖中的 13 個事件外，Angular 路由事件還包含了：

事件名稱	觸發時機
NavigationCancel	當路由守門員不允許進入頁面時會取消路由導覽，並觸發這個事件
NavigationError	當路由導覽發生錯誤時觸發
Scroll	路由可以進行捲軸滾動時觸發

若使用 provideRouter() 方法要追蹤路由資訊，則會使用 withDebugTracing() 方法。

TypeScript

```
provideRouter(appRoutes, withDebugTracing())
```

9.5.3 強制重新整理頁面

Angular 的路由機制中，當遇到切換至相同路由時，預設不會執行任何動作，可以在根路由設定 onSameUrlNavigation 屬性，來強制重新載入路由。

TypeScript app-routing.module.ts

```
1   @NgModule({
2     imports: [RouterModule.forRoot(routes, {
3       onSameUrlNavigation: 'reload',
4       runGuardsAndResolvers: 'always'
5     })],
6     exports: [RouterModule],
7   })
```

需注意的是，這個設定只會重新執行路由事件，頁面的元件不會被重新建立。還可以設定 runGuardsAndResolvers 屬性，以在重新載入時執行路由守門員以及預先載入資料。

在獨立元件中，會使用 withRouterConfig 來設定 onSameUrlNavigation 屬性。

TypeScript

```
provideRouter(
  appRoutes,
  withRouterConfig({
    onSameUrlNavigation: 'reload'
  })
)
```

應用程式的檢驗 — 測試

▶ 10.1 測試的概述

實務上為了檢驗應用程式的正確性，都會在開發過程中針對每個功能進行測試。然後，當利用 Angular CLI 建立 Angular 專案時，預設會設定了自動化測試的相關配置，讓我們可以容易地依需求撰寫測試案例的程式，並透過 Angular CLI 命令執行這些測試案例。這一節會先簡單說明單元測試的基本觀念，以及介紹 Angular 專案所使用的測試工具。

本節目標

▶ 什麼是單元測試

▶ Angular 專案如何執行測試案例

10.1.1　什麼是單元測試

單元測試（Unit Testing）是測試粒度最小的測試程式，實務上，我們會讓單元測試限制在在一個方法或一個元件的範圍內，並且不會去使用任何的外部資源（如網路、檔案與資料庫），以便更容易的降低測試案例的撰寫難度，以及更著重在此一範圍內的需求情境中。

> ⏰ **不同的測試粒度**
>
> 除了只針對方法或元件的單元測試外，還有整合測試（Integration Testing）與端對端測試（E2E Testing）。整合測試用來驗測多個元件或模組之間互動是否正確，以避免在每個元件獨立運作時都正確無誤，但在與其化模組互動後卻發生錯誤的發生。端對端測試則是粒度最大的測試，它是從使用者操作的這端到資料記錄的另一端，去對整個應用程式完整的系統流程進行測試，因此會更能反映出應用程式的實作是否是使用者所要的；但也因為針對的是整個應用程式，而讓撰寫與維護的成本相對高，因此常會只針對商業價值高的對象做端對端測試。

3A 原則是常在撰寫單元測試時所使用的依據，此原則說明了單元測試內應該有的三大部份：

- **準備（Arrange）**

  針對測試目標物件初始化、需要傳入的參數資料或相依物件的準備等，都會撰寫在此部分。

- **行動（Act）**

  在這部份就會去執行測試目標物件的方法。

■ 驗證（Assert）

最後就會將實際執行的結果與預期結果進行比對，來驗證目標物件
的結果。

實務上，在撰寫單元測試時，除了遵循 3A 原則外，每個測試案例不會含任
何的邏輯實作，而多個測試案例間，也不會有任何的相依關係或是執行的
順序性。如此一來，可以降低在撰寫測試程式的準備成本，進一步在應用
程式被變更時，能更快更容易且隨時的執行測試程式來確認目標程式的正
確性。

10.1.2 在 Angular 專案的單元測試

當我們利用 Angular CLI 建立專案時，CLI 預設會安裝 Jasmine 與 Karma
兩個測試用的框架。前者是在 JavaScript 中所使用的開源行為測試驅動
（Behavior-Driven Development, BDD）框架，其包含了撰寫測試所需要的
API 語法，也支援了同步與非同步來執行測試程式。

⏱ **是否可以使用其他測試框架**

除了使用 Angular 預設提供的 Karma + Jasmine，我們也可以改用如 Jest
等其他的測試框架。如果要這樣做，可以透過 `--minimal` 參數，來建立不
包含預試測試框架的專案，再安裝所希望使用的測試框架套件。

另外，在透過 Angular CLI 命令建立各種元件時，除了會建立元件所需要
的程式檔案外，還會建立一個 .spec.ts 的檔案，該元件的單元測試程式皆會
寫在此檔案內。從剛建立好的 Angular 專案中，我們可以從 app.component.
spec.ts 檔案中（如下面程式）看到透過 Jasmine 所撰寫的單元測試範例，這
部份會在下一節更進一步去說明。

```
TypeScript                                    app.component.spec.ts
1    describe('AppComponent', () => {
2      beforeEach(() => {
3        ...
4      });
5
6      it('should create the app', () => {
7        const fixture = TestBed.createComponent(AppComponent);
8        const app = fixture.componentInstance;
9        expect(app).toBeTruthy();
10     });
11   });
```

在撰寫完單元測試程式後，可以在 Terminal 終端機中，在工作目錄內執行下面命令，就會啟動 Karma 執行環境，Angular 預設是利用它來執行測試程式來驗證應用程式的品質。

```
$ ng test
```

```
> ng test
✓ Browser application bundle generation complete.
03 09 2023 15:02:12.487:WARN [karma]: No captured browser, open http://localhost:9876/
03 09 2023 15:02:12.500:INFO [karma-server]: Karma v6.4.2 server started at http://localhost:9876/
03 09 2023 15:02:12.501:INFO [launcher]: Launching browsers Chrome with concurrency unlimited
03 09 2023 15:02:12.503:INFO [launcher]: Starting browser Chrome
03 09 2023 15:02:14.296:INFO [Chrome 116.0.0 (Mac OS 10.15.7)]: Connected on socket FIloC-toQ1r0BKKyAAAB with id 84288607
Chrome 116.0.0.0 (Mac OS 10.15.7): Executed 0 of 3 SUCCESS (0 secs / 0
Chrome 116.0.0.0 (Mac OS 10.15.7): Executed 1 of 3 SUCCESS (0 secs / 0
Chrome 116.0.0.0 (Mac OS 10.15.7): Executed 2 of 3 SUCCESS (0 secs / 0
Chrome 116.0.0.0 (Mac OS 10.15.7): Executed 3 of 3 SUCCESS (0 secs / 0
Chrome 116.0.0.0 (Mac OS 10.15.7): Executed 3 of 3 SUCCESS (0.101 secs / 0.089 secs)
TOTAL: 3 SUCCESS
```

圖 10-1 利用 Angular CLI 執行測試

Karma 是 Angular 團隊利用 JavaScript 所開發的開源測試執行器 (Testing Runner)。我們可以在瀏覽器、平板與手機等設備透過 Karma 來執行利用 Jasmine、Mocha 或 Quit 等框架所撰寫的測試程式，也可以整合進 Jankins

等持續整合的工具。當我們利用 CLI 啟動測試後，會開啟所指定的瀏覽
器，當測試程式驗證成功時，就會如圖 10-2 在測試描述以綠色訊息呈現。

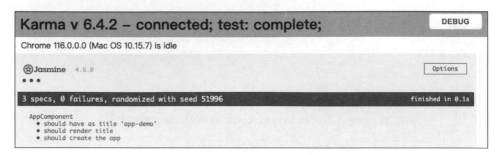

圖 10-2　執行測試成功結果

若失敗則會如圖 10-3 在測試描述上以紅色呈現，並顯示錯誤訊息。

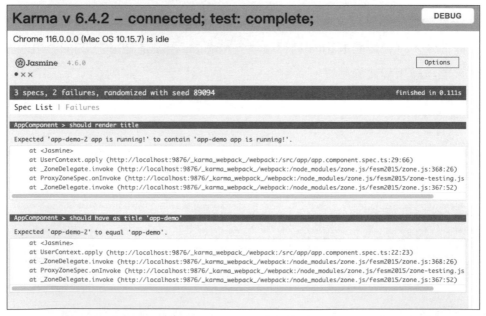

圖 10-3　執行測試失敗結果

▶ 10.2 Jasmine 測試語法

先上一節提到在 Jasmine 是 Angular 預設的測試框架，我們會在 .spec.ts 檔案內去撰寫各元件的測試案例。這一節會先說明如何使用 Jasmine 提供的語法，來撰寫單元測試案例，以及如何驗證結果是否符合預期。

本節目標

▶ 了解如何利用 Jasmine 語法撰寫測試程式

▶ 了解 Jasmine 提供的斷言方法

▶ 了解 Jasmine 生命週期

10.2.1 測試案例的撰寫

為了方便說明利用 Jasmine 框架來撰寫單元測試，這一節會先排除相依於 Angular 開發框架，只利用下面計算機的類別方法說明。

```typescript
// TypeScript                                    calculate.ts
1  export class Calculate {
2    add(x: string | number, y: string | number) {
3      ...
4    }
5  }
```

實務上每個測試案例會依照不同的需求情境進行規劃。例如，當應用程式有加法運算的需求，且所傳入的參數可能為字串或數值；此時所實作的 add() 方法，會讓參數允許傳入字串或數值型，並且進行「字串加法」與「數值加法」兩種測試案例的驗證。

而在 Jasmine 框架內，我們會利用 it() 方法來建立測試案例。因此，針對加法運算的兩個案例會寫成：

```typescript
// TypeScript                               calculate.spec.ts
1  it('字串加法驗證', () => {
2    // 測試案例內容
3  });
4
5  it('數值加法驗證', () => {
6    // 測試案例內容
7  });
```

如上面程式，it() 方法接收兩個參數：測試描述與測試方法。我們可以透過測試描述來說明此案例所要驗證的事項，這個說明描述會顯示在測試結果報表中（如圖 11-4）；而測試方法則會依循 3A 原則去呼叫 add() 方法，並驗證實際結果與預期結果是不是一致。

```typescript
describe('加法運算', () => {
  it('字串加法驗證', () => {
    // 測試案例內容
  });

  it('數值加法驗證', () => {
    // 測試案例內容
  });
});
```
calculate.spec.ts

另外，依據每個目標程式的需求，可以會需要用多個不同的測試案例來進行驗證。此時就可以利用 describe() 方法來把相似的測試案例群組化，以更容易的管理測試案例。如上面程式所示，describe() 方法包含了群組描述字串與測試方法兩個參數，與 it() 方法一樣說明描述會顯示在測試結果報表中（如圖 10-4），而測試方法內則可以放一至多個測試群組（describe() 方法）或測試案例（it() 方法）。

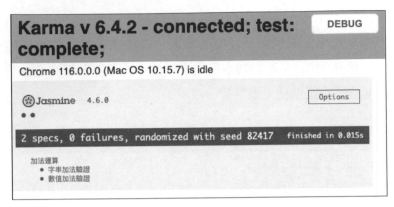

圖 10-4 測試群組與案例報表顯示

在應用程式的持續發展下，可能會撰寫了數百個測試案例程式，而我們可以在 it() 方法前加上 f 來只執行特定的測試案例。如下面程式，就可以忽略掉其他的測試案例，只執行「字串加法驗證」這個案例（圖 10-5）。

```typescript
1    fit('字串加法驗證', () => {
2        ...
3    });
```

TypeScript   calculate.spec.ts

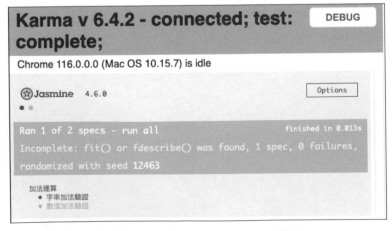

圖 10-5 只測試特定案例的報表結果

同樣地,如下面程式,當我們在 describe() 方法前加上 f 就可以只執行該群組下的所有測試案例。

TypeScript	calculate.spec.ts

```
1    fdescribe('加法運算', () => {
2        ...
3    }
```

相反地,如果希望特定的測試案例被忽略掉,則是在 it() 或 describe() 方法前加上 x 即可。

TypeScript	calculate.spec.ts

```
1    xit('字串加法驗證', () => {
2        ...
3    });
```

此時測試結果報表就會如圖 10-6 所示,把忽略掉的測試案例用土黃色顯示。

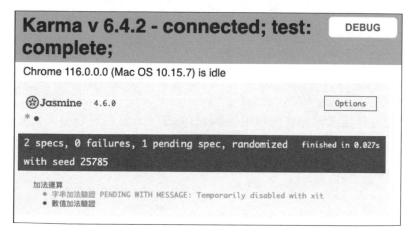

圖 10-6 忽略特定測試案例的報表結果

10.2.2 驗證斷言方法

定義了測試案例後，就可以依循 3A 原則來撰寫單元測試的主體內容。在下面程式中，我們宣告了測試目標（第 3 行）、要傳入方法的兩個數值（第 4-5 行）以及預期執行的結果（第 6 行），並呼叫 add() 方法來取得實際的執行結果（第 9 行），最後就是比較預期結果與實際結果是否相等（第 12 行）。

```typescript
1    it('數值加法驗證', () => {
2      // Arrange
3      const calculate = new Calculate();
4      const x = 1;
5      const y = 1;
6      const expected = 2;
7
8      // Act
9      const actual = calculate.add(x, y);
10
11     // Assert
12     expect(actual).toBe(expected);
13   });
```

`TypeScript` — `calculate.spec.ts`

當要驗證目標程式時，會先利用 expect() 方法來針對實際結果建立預期物件，再透過 Jasmine 提供的 Matcher API 來判斷是否符合預期，這些常用的 Matcher API 包含了：

■ **基本型別的比較**

在上面程式使用的 `toBe()` 方法，就是用於比較如字串（`string`）、數值（`number`）與布林（`boolean`）等資料型別是否相等（`===`）。如果把這個方法使用在物件型別時，只會在實際結果與預期兩個物件的參考都相同才會成功；否則，即使是物件屬性值相同也會驗證失敗。

■ **字串型別的比較**

當我們要驗證字串型別的執行結果時，除了使用 `toBe()` 方法外，Jasmine 還提供了 `toContain()` 方法來比較實際執行結果是否包含有預期的字串，以及 `toMatch()` 方法讓我們可以利用 RegExp 表示式來驗證實際值。

■ **布林值的比較**

同樣的，Jasmine 也提供了 `toTrue()` 與 `toFalse()` 兩個方法來比較布林型別的值。另外，若是要驗證實體值是不是為 0、false、undefined 或 null 等 falsy 的值時，可以使用 `toFalsy()` 方法；反之，如果是 truthy 值時則可以使用 `toTruty()` 方法。

■ **物件型別的比較**

當我們要驗證的對象是物件型別時，會使用 `toEqual()` 方法來替代 `toBe()` 方法，這時 Jasmine 會使用深層比較的方式，驗證實際結果與預期兩個物件內的屬性值是否相同。

■ **頁面樣式的比較**

除了針對實際值的比較外，Jasmine 也提供了 `toHaveClass()` 方法來驗證 Dom 元素是否有預期的 CSS 類別名稱。

範例 10-1 - Jasmine 測試範例程式

https://stackblitz.com/edit/ng-book-v2-jasmine-api

圖 10-7

10.2.3　生命週期鉤子

實務上，在不同的單元測試案例的準備階段，有時候會重覆去宣告與指定相同的變數或資料，例如，在上一節的測試程式中的兩個測試案例都宣告了 Calculate 目標物件。這時候就可以利用 Jasmine 提供的生命週期鉤子，來簡化所需要撰寫的程式碼，而這些生命週期鉤子依執行順序分別是：

- **beforeAll**

  此方法會在所有的測試案例或群組執行之前只被呼叫一次。

  ```
  beforeAll(() => {});
  ```

- **beforeEach**

  此方法會在每一個測試案例或群組執行之前被呼叫一次。

  ```
  beforeEach(() => {});
  ```

- **afterEach**

  此方法會在每一個測試案例或群組執行完後被呼叫一次。

  ```
  afterEach(() => {});
  ```

- **afterAll**

  此方法會在所有的測試案例或群組執行完後只被呼叫一次。

  ```
  afterAll(() => {});
  ```

因此，在上一節的單元測試中，我們就可以利用 beforeEach 生命週期下建立目標程式的實體，而將測試程式修改成：

TypeScript	calculate.spec.ts

```
1   describe('加法運算', () => {
2     let calculate: Calculate;
3
4     beforeEach(() => {
5       calculate = new Calculate();
6     });
7
8     it('字串加法驗證', () => {});
9
10    it('數值加法驗證', () => {});
11  });
```

範例 10-2 - Jasmine 生命週期範例程式

https://stackblitz.com/edit/ng-book-v2-jasmine-lifecycle

圖 10-8

▶ 10.3 Angular 各種元件的測試

上一節我們說明了如何利用 Jasmine 語法來群組與定義每個單元測試案例，以及常用的驗證 API 來檢查程式執行的結果。這一節就來針對 Angular 各種元件與情境，來撰寫單元測試進行介紹。

本節目標

▶ 了解如何撰寫 Angular 元件、指令、管道與服務等元件類型的單元測試程式

▶ 了解如何撰寫非同步作業的單元測試程式

▶ 了解如何定義 Page Object 或 Harness

10.3.1 測試 Angular 管道

一開始來針對第 5 章所自訂用來排序資料清單的 OrderByPipe 撰寫單元測試 [1]。在利用 Angular CLI 建立的測試檔中，都會預設有如下面程式，「檢查是否可以建立元件實體」的測試。

```typescript
// order-by.pipe.spec.ts
1    import { OrderByPipe } from "./order-by.pipe";
2
3    describe('OrderByPipe', () => {
4      it('create an instance', () => {
5        const pipe = new OrderByPipe();
6        expect(pipe).toBeTruthy();
7      });
8    });
```

管道是在 transform() 方法內實作資料轉換或格式化的邏輯，大部份是與 @Pipe 元資料互動而不依賴於 Angular。在沒有依賴其他元件程式時，我們就可以如上面程式一樣，利用 new 來在測試環境中建立管道的實體，並進而驗證實體是否被可以建立。

依據排序管道的需求，我們會如下面程式建立「指定欄位排序」與「指定排序方向」兩個測試案例。

```typescript
// order-by.pipe.spec.ts
1    it('指定依狀態升冪排序', () => {});
2    it('指定依名稱降冪排序', () => {});
```

1　完整程式可以參考第 5.2.2 節

在撰寫測試案例內容之前，因為這三個測試案例都會使用了 OrderByPipe 實體，所以我們可以如下面程式在 beforeEach 建立實體，來減少需要撰寫的程式。

```typescript
1   describe('OrderByPipe', () => {
2     let pipe: OrderByPipe;
3
4     beforeEach(() => {
5       pipe = new OrderByPipe();
6     });
7
8     it('元件應可以被建立', () => {
9       expect(pipe).toBeTruthy();
10    });
11    it('指定依狀態升冪排序', () => {});
12    it('指定依名稱降冪排序', () => {});
13  });
```

TypeScript · order-by.pipe.spec.ts

接下來，依據 3A 原則來撰寫「指定依名稱降冪排序」案例，一開始，需要先定義資料清單、排序對象與排序方向（第 2 - 7 行），以及我們預設經過 OrderByPipe 轉換後的結果清單（第 10 - 15 行）。順帶一提，如果要使用的資料清單也會在不同的案例中使用，也可以如同管道實體一樣，在 beforeEach 方法中設定。

```typescript
1   it('指定依名稱降冪排序', () => {
2     const tasks = [
3       new Task({ id: 1, content: '待辦事項 A', state: 'Finish' }),
```

TypeScript · order-by.pipe.spec.ts

```
 4      new Task({ id: 2, content: '待辦事項 B', state: 'Doing' }),
 5      new Task({ id: 3, content: '待辦事項 C', state: 'None' }),
 6      new Task({ id: 4, content: '待辦事項 D', state: 'None' }),
 7    ];
 8    const prop = 'state';
 9    const direction = 'asc';
10    const expected = [
11      new Task({ id: 2, content: '待辦事項 B', state: 'Doing' }),
12      new Task({ id: 1, content: '待辦事項 A', state: 'Finish' }),
13      new Task({ id: 3, content: '待辦事項 C', state: 'None' }),
14      new Task({ id: 4, content: '待辦事項 D', state: 'None' }),
15    ];
16
17    const actual = pipe.transform(tasks, prop, direction);
18
19    expect(actual).toEqual(expected);
20  });
```

最後，就可以呼叫管道的 transform() 方法來得到轉換後的實際結果，並將
其與我們預期的結果進行驗證。

範例 10-3 排序管道測試範例程式

https://stackblitz.com/edit/ng-book-v2-pipe-testing

圖 10-9

10.3.2 測試 Angular 服務

在 Angular 應用程式中，常會讓 Angular 服務負責邏輯計算或資料處理，而比較不會與其他元件有相依，讓撰寫測試程式也會相對地容易。

```typescript
task.service.ts
1    @Injectable({
2      providedIn: 'root',
3    })
4    export class TaskService implements ITaskService { ... }
```

在上一節，我們利用 new 的方法建立要測試的對象，這種初始化的方法也是可以使用在 Angular 服務的單元測試上。例如，下面程式就是利用 new 來建立第 6 章實作的待辦事項服務（TaskService），並檢查實體是否可以被建立。

```typescript
task.service.spec.ts
1     describe('TaskService', () => {
2       let service: TaskService;
3
4       beforeEach(() => {
5         service = new TaskService();
6       });
7
8       it('服務應可以被建立', () => expect(service).toBeTruthy());
9       ...
10    });
```

只是現實需求總是沒這麼單純，實際上可能在特定的 Angular 服務中相依於其他 Angular 服務。最常見的是，如待辦事項遠端服務，我們會注入 HttpClient 來與遠端服務進行溝通，如此一來，我們就必須在初始化服務時，也需要把 HttpClient 服務實體一併傳入建構式內。然而，當在 Angular 服務的建構式是注入多個其他服務時，或是所注入的服務還有注入其他服務，都會大大增加測試時初始化服務的複雜度。

為了簡化測試時的初始化作業，Angular 提供了 TestBed 讓我們能在測試程式中配置與初始化的環境來模擬 @NgModule，讓我們可以如同 Angular 應用程式一般，透過依賴注入（Dependency Injection, DI）的方式來管理元件之間的相依，進一步更容易地去測試依賴於 Angular 框架的行為。

```typescript
// TypeScript                          task.service.spec.ts
1    beforeEach(() => {
2      TestBed.configureTestingModule({});
3      service = TestBed.inject(TaskService);
4    });
```

如此一來就可以透過模擬 @NgModel 的方式，就更容易的去測試 Angular 應用程式。

範例 10-4 - 利用 TestBed 取得服務測試實體範例程式
https://stackblitz.com/edit/ng-book-v2-service-testing

圖 10-10

當 Angular 服務需要與遠端服務進行溝通時，我們會在模組中去引用
HttpClientModule 模組，並在 Angular 服務的建構式去注入 HttpClient，以
便可以使用 HttpClient 的 get() 等方法來呼叫遠端服務。不過在單元測試
並不會與外部資源有任何的依賴性，因此我們必須在單元測試中利用假的
HttpClient 物件來模擬與驗證程式執行的結果。

為此 Angular 提供了 HttpClientTestingModules 來讓我們可以使用模擬的
httpClient 物件，所以我們可以在 TestBed 的設定中去引用此模組，並取
得型別為 HttpClientController 的 HttpClient 模擬物件，此兩者皆需從
@angular/common/http/testing 匯入。

```typescript
task-remote.service.spec.ts
1    let service: TaskRemoteService;
2    let httpMock: HttpTestingController;
3
4    beforeEach(() => {
5      TestBed.configureTestingModule({
6        imports: [HttpClientTestingModule],
7      });
8      service = TestBed.inject(TaskRemoteService);
9      httpMock = TestBed.inject(HttpTestingController);
10   });
11
12   afterEach(() => httpMock.verify());
```

如此一來，所有測試所發送的請求，並不會發送到真正的遠端服務，而是發
送到測試使用的遠端服務；因此在測試上主要會使用 HttpTestingController
物件來模擬 httpClient 物件的行為，且在測試 HTTP 方法之後，還會透過

verify() 方法檢查是否有預期外的請求；因為這個動作會是每個測試 HTTP 的案例完成後執行，所以會在 afterEach 中呼叫這個方法。

```typescript
1    it('取得下一筆待辦事項 (getNextId)', () => {
2      const tasks = [
3        new Task({ id: 1, content: '待辦事項 A', state: 'Finish' }),
4        new Task({ id: 2, content: '待辦事項 B', state: 'Doing' }),
5        new Task({ id: 3, content: '待辦事項 C', state: 'None' }),
6        new Task({ id: 4, content: '待辦事項 D', state: 'None' }),
7      ];
8
9      service.getNextId(1).subscribe((id) => expect(id).toEqual(2));
10
11     const request = httpMock.expectOne('/api/tasks');
12     expect(request.request.method).toBe('GET');
13     request.flush(tasks);
14   });
```

task-remote.service.spec.ts

如上面程式，在驗證上會利用 expectOne() 方法，來檢查所請求的 URL 是否被請求過一次，進而驗證所發送的請求是否使用預期的 HTTP 方法。最後利用 flush() 方法來決定這個請求要傳回什麼樣的結果，這個結果就會是訂閱方法所得到的結果。

範例 10-5 - 測試 HttpClient 的 GET 方法範例程式
https://stackblitz.com/edit/ng-book-v2-http-get-testing

圖 10-11

除了驗證請求的 HTTP 方法外，也可以驗證請求的 body，來檢查在發送 POST 方法時，所傳送的資訊參數是否正確。

```typescript
1    it('新增待辦事項 (add)', () => {
2      const task = new Task({ id: 1, content: '待辦事項 A', state: 'Finish' });
3
4      service.add(task).subscribe();
5
6      const request = httpMock.expectOne('/api/tasks');
7      expect(request.request.body).toEqual(task);
8      expect(request.request.method).toBe('POST');
9      request.flush(task);
10   });
```

TypeScript — task-remote.service.spec.ts

範例 10-6 - 測試 HttpClient 的 POST 方法範例程式
https://stackblitz.com/edit/ng-book-v2-http-post-testing

圖 10-12

當 Angular 服務一次會發送多個請求時，則可以利用 match() 方法來檢查每次發送是否符合預期。例如，我們在待辦事項遠端服務增加多筆新增的實作，就可以如下面程式，利用 match() 方法取得請求發送的次數，並可以針對每次請求內容進行測試。

TypeScript	task-remote.service.spec.ts

```typescript
1    it('新增多筆待辦事項 (addTasks)', () => {
2      const tasks = [
3        new Task({ id: 1, content: '待辦事項 A', state: 'Finish' }),
4        new Task({ id: 2, content: '待辦事項 B', state: 'Doing' }),
5      ];
6
7      service.addTasks(tasks);
8
9      const requests = httpMock.match('/api/tasks');
10     expect(requests.length).toBe(2);
11
12     expect(requests[0].request.body).toEqual(tasks[0]);
13     expect(requests[0].request.method).toBe('POST');
14     requests[0].flush(tasks[0]);
15     ...
16   });
```

範例 10-7 - 測試發送多個 HttpClient 請求範例程式

https://stackblitz.com/edit/ng-book-v2-http-mutli-testing

圖 10-13

10.3.3 測試 Angular 元件

在測試 Angular 元件時，同樣地會使用 TestBed 來設置測試執行時使用的環境。例如，要針對待辦事項元件撰寫測試程式時，如同在待辦事項功能模組（TaskFeatureModule）的設置，由於有使用到按鈕確認指令（ButtonConfirmDirective），因此需要引用 UtilsModule 模組（第 4 行）。

```typescript
task.component.spec.ts
1    describe('TaskComponent', () => {
2      beforeEach(() => {
3        TestBed.configureTestingModule({
4          imports: [UtilsModule],
5          declarations: [TaskComponent],
6          providers: [{ provide: ConfirmMessageToken, useValue: '是否確認刪除
             待辦事項?' }],
7        });
8        createComponent(new Task({ ... }));
9      });
10   });
```

接著，需要把要測試目標元件加入測試模組的 declarations 陣列屬性中。如果測試目標元件內有使用到相同模組下的其他元件，也需要在這裡定義。例如，在待辦事項清單元件測試中，因有使用到待辦事項元件，所以也需要在 declarations 陣列屬性加入（下面程式第 4 行），也要加入待辦事項元件所需要設定。

```typescript
task-list.component.spec.ts
1    describe('TaskListComponent', () => {
2      beforeEach(() => {
```

```
3        TestBed.configureTestingModule({
4          imports: [UtilsModule],
5          declarations: [TaskListComponent, TaskComponent],
6          providers: [
7            { provide: ConfirmMessageToken, useValue: '是否確認刪除待辦事項?' }
8          ],
9        });
10       createComponent();
11     });
12   });
```

最後，待辦事項元件有使用到 ConfirmMessageToken 令牌提供者，而在
providers 陣列內進行設置。

Angular 元件 (Component) 不同於服務 (Service) 的是多了使用者操作頁面，
為此 Angular 提供了 ComponentFixture 來讓我們可以針對元件的頁面範本
與邏輯程式進行測試。因此，在定義完 TestBed 之後，就會利用 TestBed 的
createComponent() 方法來取得指定元件的 ComponentFixture 物件，此物件
內的 componentInstance 屬性記錄著待辦事項元件的實體。需要注意的是，
在呼叫此方法之後，TestBed 的組態定義就無法被更動。

TypeScript	task.component.spec.ts

```
1    function createComponent(task: Task): void {
2      fixture = TestBed.createComponent(TaskComponent);
3      component = fixture.componentInstance;
4      component.task = task;
5      fixture.detectChanges();
6    }
```

順帶一提，待辦事項元件會依照外部傳入的待辦事項資料顯示在頁面上，因此在一開始建立實體時就需要設定此資料（第 4 行）。最後，就可以利用從 fixture.componentInstance 屬性取得的元件實體，來判斷此元件是否在 Angular 應用程式執行時可以被建立，這也是在利用 Angular CLI 建立元件時，預設會新增的第一個測試案例。

TypeScript	task.component.spec.ts

```
1    it('元件應可以被建立', () => expect(component).toBeTruthy());
```

範例 10-8 - 元件應可以被建立測試情境範例程式

https://stackblitz.com/edit/ng-book-v2-component-testing

圖 10-14

ComponentFixutre 物件也提供了 debugElement 屬性，讓我們可以取得運行過程中，頁面 DOM 元素的樣式與屬性。因此我們就可以利用這個屬性，來檢驗頁面顯示的資訊是否正確。

HTML	task.component.html

```
1    <span class="content">
2      {{ task.id | number : "3.0" }}. {{ task.content | slice : 0 : 14 }}...
3    </span>
```

例如，若要檢查待辦事項內容顯示是否符合預期，可以利用 debugElement 屬性提供的 query() 方法來搜尋頁面的 DOM 元素。使用 By.css() 方法來取得頁面上包含待辦事項內容顯示的 DOM 元素；此方法指定的是一 CSS 選擇器字串，所以除了樣式類別外，也可以指定標籤名稱或 ID 名稱。

```
TypeScript                                    task.component.spec.ts
1    it('待辦事項內容應顯示 "001. 建立待辦事項元件..."', () => {
2      const typeElement = fixture.debugElement.query(By.css('span.content'));
3      const expected = '001. 建立待辦事項元件...';
4      expect(typeElement.nativeElement.textContent.trim()).toBe(expected);
5    });
```

取得頁面元素後，就可以利用 DebugElement 內的 nativeElement 取得原生的
DOM 元素，進而去驗證此 DOM 元素屬性值內容。

範例 10-9 - 利用樣式取得頁面元素測試範例程式
https://stackblitz.com/edit/ng-book-v2-by-css-testing

圖 10-15

除了利用 By.css() 方法依 CSS 選擇器取得頁面元素外，也可以利用
By.directive() 方法來取得指定特定元件類型的頁面元素。另外，若要取得
多個的頁面元件時，則會使用 DebugElement 型別下的 queryAll() 方法。

例如，在待辦事項清單元件中，要檢查顯示的待辦事項個數是否與傳入的
資料筆數相同，就會如下面程式利用 queryAll() 搭配著 By.directive() 方
法，來取得頁面上所顯示的待辦事項元件。

```
TypeScript                                task-list.component.spec.ts
1    it('應不顯示任何待辦事項', () => {
2      const taskElements = fixture.debugElement.queryAll(
3        By.directive(TaskComponent)
4      );
```

```
5        expect(taskElements.length).toBe(0);
6    });
```

範例 10-10 - 利用指令對象取得頁面元素測試範例程式

https://stackblitz.com/edit/ng-book-v2-by-directive-testing

圖 10-16

在 Angular 應用程式中，我們會利用各種資料繫結的方式，來串連頁面與資料兩個部份，當資料變更時會觸發 Angular 的變更檢測（Detect Changes）來更新頁面。在單元測試中，當我們更新元件資料時，並不會自動觸發 Angular 的變更檢測，需要利用 fixture.detectChanges() 方法來通知測試模組進行資料繫結。

例如，我們要測試在不同待辦事項的類型，所套用的樣式類別是否正確，就會需要在不同情境下設定不同待辦事項類型的資料，並執行 fixture.detectChanges() 方法來手動觸發變更檢測作業，才能夠在測試執行時正確的繫結在頁面上。

```typescript
// TypeScript                              task.component.spec.ts
1    it('當類型為 "Home"，應套用 "home" 的類別樣式', () => {
2      component.task = new Task({ type: 'Home', ... });
3      fixture.detectChanges();
4      expect(typeElement.nativeElement.className).toContain('home');
5    });
```

範例 10-11 - 手動觸發 Angular 變更檢測範例程式
https://stackblitz.com/edit/ng-book-v2-detect-changes-testing

圖 10-17

若把待辦事件元件的變更檢測策略設定成 OnPush 時，因為此策略只會在輸入屬性有變更時才會觸發變更檢測。然而，測試程式是直接去設定元件的屬性值，並不是變更輸入屬性，所以在 OnPush 策略中不會重新渲染頁面。

此時，可以利用 Angular 14 在 ComponentRef 所新增的 setInput() 方法，來變更輸入屬性值。

```typescript
// task.component.spec.ts
1    it('當類型為 "Home"，應套用 "home" 的類別樣式', () => {
2      const task = new Task({ type: 'Home', ... });
3      fixture.componentRef.setInput('task', task);
4      fixture.detectChanges();
5      expect(typeElement.nativeElement.className).toContain('home');
6    });
```

範例 10-12 - 測試 OnPush 檢測策略範例程式
https://stackblitz.com/edit/ng-book-v2-on-push-testing

圖 10-18

10.3.4 建立相依的假服務

整個應用程式中，單一元件常會與外部資源互動，例如，發送事件至父元件，或是透過服務來取得資料等等。而在單元測試中，會透過假物件的抽換，來減少執行測試前的準備工作。

先前實作的範例中，當使用者點選編輯按鈕時，會從待辦事項元件（TaskComponent）往父元件發送編輯事件，直到待辦事項頁面元件（TaskPageComponent）進行路由切換。

```html
<!-- HTML                                              task.component.html -->
1    <button type="button" (click)="edit.emit()">編輯</button>
```

與先前針對執行結果值進行驗證不同，若要測試待辦事項元件的編輯行為，則會去驗證是否呼叫特定的方法。如下面程式，首先透過 spyOn() 方法來變更與監控編輯事件的發送（第 2 行），接著就可以在點選編輯按鈕時，利用 Jasmine 提供的 toHaveBeenCalled() 方法來驗證是否有呼叫事件發送方法（第 7 行）。

```typescript
// TypeScript                                      task.component.spec.ts
1    it('點選編輯按鈕時, 應發送編輯事件', () => {
2      spyOn(component.edit, 'emit');
3      const editElement = fixture.debugElement.queryAll(By.css('button'))[0];
4      editElement.nativeElement.click();
5      expect(component.edit.emit).toHaveBeenCalled();
6    });
```

進一步，若要驗證呼叫方法時是否傳入的參數也正確，則可以使用 toHaveBeenCalledWith() 方法。順帶一提，觸發頁面元件的事件，除了可以利用 nativeElement 外，也可以用 DebugElement 物件的 triggerEventHandler()
方法來觸發。

```typescript
// TypeScript                                    task-list.component.spec.ts
1    it('點選編輯按鈕時, 應發送編輯事件', () => {
2      spyOn(component.edit, 'emit');
3      const editElement = fixture.debugElement.queryAll(By.css('button'))[0];
4      editElement.triggerEventHandler('click', null);
5      expect(component.edit.emit).toHaveBeenCalledWith(new Task({ ... }));
6    });
```

範例 10-13 - 測試編輯事件觸發範例程式

https://stackblitz.com/edit/ng-book-v2-spyon-testing

圖 10-19

當測試對象有使用相依的服務時，也會把服務方法或整個服務抽換成假物
件。例如在待辦事項明細元件內，我們要透過待辦事項服務取得特定編號
的資料。為了要確認頁面所顯示的內容，與服務所回傳的待辦事項相同，
就會建立一個假的待辦事項服務來控制所回傳的資料。

```typescript
// TypeScript                                    task-detail.component.ts
1    ngOnChanges(changes: SimpleChanges): void {
2      if (changes['id']) {
3        this.taskService.getTask(this.id).subscribe((task) => (this.task = task));
4      }
5    }
```

我們可以利用 Angular 的 DI 機制,在單元測試中自訂一個 TaskSpyService
服務,並在 providers 陣列來抽換掉待辦事項提供者的使用實體。不過若元
件所相依的有多個服務,或是依不同的測試情境需要傳回不同值的時候,
這個方法會需要建立不少的 Spy 服務。

```typescript
1    @Injectable()
2    class TaskSpyService implements ITaskService { ... }
3
4    describe('TaskDetailComponent', () => {
5      beforeEach(() => {
6        TestBed.configureTestingModule({
7          declarations: [TaskDetailComponent],
8          providers: [
9            { provide: TaskServiceToken, useClass: TaskSpyService },
10         ],
11       });
12       createComponent();
13     });
14   }
```
TypeScript — task-detail.component.spec.ts

我們也可以利用 spyOn() 的方法來設定特定服務方法的回傳值。如下面程
式,首先利用 TestBed.inject() 方法來取得注入的 TaskServiceToken 服務實
體,並且利用 spyOn() 方法設定該服務的 getTask() 方法的回傳值。

```typescript
1    it('內容應顯示 "建立待辦事項元件"', () => {
2      const taskService = TestBed.inject(TaskServiceToken);
3      spyOn(taskService, 'getTask').and.returnValue(of(new Task({ ... })));
```
TypeScript — task-detail.component.spec.ts

```
4      ...
5    });
```

除此之外，也可以利用 Jasmine 提供的 createSpyObj() 方法來建立假服務，一開始會宣告一個服務變數來記錄此方法所回傳 jsamine.SpyObj<> 型別物件。

```TypeScript
                                            task-detail.component.spec.ts
1    describe('TaskDetailComponent', () => {
2      let taskService: jasmine.SpyObj<ITaskService>;
3
4      beforeEach(() => {
5        taskService = jasmine.createSpyObj<ITaskService>(['getTask']);
6        taskService.getTask.and.returnValue(new Test({ .. }));
7
8        TestBed.configureTestingModule({
9          declarations: [TaskDetailComponent],
10         providers: [
11           { provide: TaskServiceToken, useValue: taskService },
12         ],
13       });
14       createComponent();
15     });
16   }
```

接著，利用 createSpyObj() 泛型方法來建立一 Spy 服務，此方法可以傳入 Spy 服務需要的方法名稱，就可以設定這些方法預計的回傳資料。最後，因為所建立的是一個 Spy 物件，所以要使用 useValue 方式來設定 TaskServiceToken 提供者實體。

如此一來，就可以驗證頁面顯示的結果是否與假物件所回傳的資料是否一樣。需要注意的是，因為待辦事項明細元件是在 ngOnChanges 鉤子方法監控傳入的編號值，所以測試中在設定編號後需要呼叫 ngOnChanges 方法後才觸發變更檢測。

```typescript
// TypeScript                                task-detail.component.spec.ts
1    it('內容應顯示 "建立待辦事項元件"', () => {
2      component.id = 1;
3      component.ngOnChanges({ id: new SimpleChange(null, 1, true) });
4      fixture.detectChanges();
5
6      const element = fixture.debugElement.queryAll(By.css('td'))[1];
7      const expected = '建立待辦事項元件';
8
9      expect(element.nativeElement.textContent.trim()).toBe(expected);
10   });
```

除了可以指定假物件方法的回傳值外，也可以 Jasmine 也針對不同的情境提供了不同的方法。

- **callThrough()**

  當我們希望服務方法能依正式作業的方法執行，但又想要驗證呼叫此方法的參數是否正確時，就可以使用 callThrough() 方法。

  ```
  spyOn(taskService, 'add').and.callThrough()
  ```

- **callFake(fn)**

  當服務方法會依不同的測試情境所傳入的值，而有不一樣的回傳值時候，可以利用 callFake() 方法，利用一方法來判斷與決定回傳值。

```
spyOn(taskService, 'add').and.callFake((task) => {
  ...
});
```

- **throwError(something)**

    此方法則可以讓我們指定服務方法拋出例外錯誤。

    ```
    spyOn(taskService, 'add').and.throwError('error message')
    ```

在 驗 證 的 部 份 , 除 了 先 前 提 到 的 toHaveBeenCalled() 與
toHaveBeenCalledWith() 兩種方法外 , Jasmine 也提供了用來驗證目標程式
與 Spy 物件互動的方法。

- **toHaveBeenCalledOnceWith(expected)**

    用來驗證 Spy 物件方法是否依指定參數被呼叫一次。

    ```
    expect(taskService.add).toHaveBeenCalledOneWith();
    ```

- **toHaveBeenCalledTimes(times)**

    用來驗證 Spy 物件方法是否有被呼叫的次數。

    ```
    expect(taskService.add).toHaveBeenCalledTimes(1);
    ```

範例 10-14 - 建立假相依服務實體測試範例程式
https://stackblitz.com/edit/ng-book-v2-create-spy-testing

圖 10-20

10.3.5 測試表單元件

當要針對使用者輸入的表單撰寫單元測試時，會取得 input 等表單頁面元素原生物件，透過設定這個物件的 value 屬性來模擬使用者輸入，進而驗證元件所回應的結果是否符合預期。

```html
HTML                                          task-form.component.html
1    <div class="form-item">
2      <strong>事項內容：</strong>
3      <input type="text" formControlName="content" />
4      <ng-container *ngIf="content.touched">
5        ...
6        <div class="error-message" *ngIf="content.hasError('minlength')">
7          內容最少 {{ content.getError("minlength").requiredLength }} 個字
8        </div>
9        ...
10     </ng-container>
11   </div>
```

如 下 面 針 對 待 辦 事 項 內 容 的 最 少 字 元 的 驗 證 與 錯 誤 訊 息 的。 透 過 debugElement 取得待辦事項內容的原生輸入元素（HTMLInputElement），並在設定 value 屬性後觸發 input 外，因為需要表單的狀態為已點選才會顯示錯誤訊息，所以還需要觸發 blur 事件。最後，在觸發 Angular 變更檢測後，就可以去檢查錯誤訊息的正確性。

```typescript
TypeScript                                    task-form.component.spec.ts
1    it('當內容長度為 3 個字以下, 應要顯示 "內容最少 3 個字" 錯誤訊息', () => {
2      const itemElement = fixture.debugElement.queryAll(By.css('.form-item'))[0];
3      const inputElement = itemElement.query(By.css('input'))
```

```
4         .nativeElement as HTMLInputElement;
5
6     inputElement.value = '待辦';
7     inputElement.dispatchEvent(new Event('input'));
8     inputElement.dispatchEvent(new Event('blur'));
9     fixture.detectChanges();
10
11    const errorElement = itemElement.query(By.css('.error-message'));
12    expect(errorElement.nativeElement.textContent.trim()).toBe('內容最少 3 個字');
13  });
```

然而，我們在先前實作中把待辦事項表單封裝成一個表單元件，因此，這個元件的單元測試除了針對元件本身的職責外，還會去測試在使用此元件的時候，資料與介面的綁定是否正確。這部分的測試要先建立一個測試元件做為測試目標，來驗證使用者輸入表單後，此測試元件是否可正確的運作。

TypeScript　　　　　　　　　　　　　　　**task-form.component.spec.ts**

```
1   @Component({
2     template: `<app-task-form [formControl]="formControl"></app-task-form>`,
3   })
4   class TestComponent {
5     formControl = new FormControl<Task | null>(null);
6   }
```

首個測試情境是當測試元件的表單被設定時，其內使用的待辦事項表單元件所記錄的表單是否也被設定。此情境用來檢查在表單值（model）變更時是否可以正確改變頁面（view）的顯示。

```typescript
// TypeScript                              task-form.component.spec.ts
1   it('當指定表單值, 驗證其元件內表單值正確性 (model -> view)', () => {
2     const item = new Task({ id: 2, content: '購買 iPhone 手機', ... });
3     component.formControl.patchValue(item);
4     fixture.detectChanges();
5
6     const itemElements = fixture.debugElement.queryAll(By.css('.form-item'));
7     const contentElement = itemElements[0].query(By.css('input'));
8     expect(contentElement.nativeElement.value).toBe('購買 iPhone 手機');
9   });
```

其次，則檢查在使用者輸入表單 (view) 後，是否也會改變的表單值
(model)。

```typescript
// TypeScript                              task-form.component.spec.ts
1   it('當輸入表單資料, 驗證表單值正確性 (view -> model)', () => {
2     ...
3     inputElement.value = '購買 iPhone 手機';
4     inputElement.dispatchEvent(new Event('input'));
5     inputElement.dispatchEvent(new Event('blur'));
6     fixture.detectChanges();
7
8     expect(component.formControl.value).toEqual(
9       new Task({ id: null, content: '購買 iPhone 手機', ... })
10    );
11  });
```

最後，則會檢查待辦事項表單驗證的結果是否正確反應在測試表單中。

```TypeScript
                                        task-form.component.spec.ts
1    it('當頁面載入後, 表單驗證應為不通過', () => {
2      expect(component.formControl.valid).toBeFalse();
3    });
4
5    it('當資料完整輸入後, 表單驗證應為通過', () => {
6      component.formControl.patchValue(new Task({ ... }));
7      fixture.detectChanges();
8      expect(component.formControl.valid).toBeTrue();
9    });
```

範例 10-15 - 表單元件測試範例程式

https://stackblitz.com/edit/ng-book-v2-form-component-test

圖 10-21

10.3.6　測試非同步作業

在網頁應用程式中，常會使用如 setTimeout() 或與遠端服務等非同步作業。例如，在待辦事項表單元件中，有實作在輸入關聯事項時需要向遠端服務檢查此事項是否存在。一般來說，只要控制待辦事項是否存在方法的回傳人值，就可以完成此實作情境的單元測試。

```TypeScript
                                        task-form.component.spec.ts
1    it('當關聯事項存在時, 應不顯示錯誤訊息', (() => {
2      taskService.isExists.and.returnValue(of(true));
3      ...
```

```
4     });
5
6     it('當關聯事項不存在時, 應顯示 "找不到指定的待辦事項" 錯誤訊息', (() => {
7       taskService.isExists.and.returnValue(of(false));
8       ...
9     });
```

如上面程式，就可以把非同步作業使用同步的方法進行測試。不過，為了模擬非同步作業，這裡透過 RxJS 的 delay 運算子，讓待辦事項是否存在的方法延遲 1 秒才回傳結果。如此一來，會在遠端服務回應前，就執行完測試程式，而導致測試結果與實際操作結果不同的狀況發生。

針對這種包含著非同步作業的元件，Angular 提供了 fakeAsync() 方法，搭配著 tick() 函式的使用，讓我們可以在單元測試程式以線性的方式撰寫，而非使用 Promise.then() 的巢狀語法來增加控制流的複雜度。

```typescript
                                        task-form.component.spec.ts
1     it('當關聯事項不存在時, 應顯示 "找不到指定的待辦事項" 錯誤訊息', fakeAsync(() => {
2       taskService.isExists.and.returnValue(of(false).pipe(delay(1000)));
3       ... // 輸入待辦事項類型與關聯事項
4
5       tick(1000);
6       fixture.detectChanges();
7
8       const errorElement = itemElements[2].query(By.css('.error-message'));
9       expect(errorElement.nativeElement.textContent.trim()).toBe(
10        '找不到指定的待辦事項'
11      );
12    }));
```

如上面程式，將測試的方法傳入 fakeAsync() 內，並透過 tick() 方法來推進測試時的模擬時間，此方法第一個參數用來指定要推進的毫秒數，預設為 0。最後，再去觸發 Angular 的檢測變更以更新頁面，以及驗證錯誤訊息是否正確。

範例 10-16 - 利用 fakeAsync 測試非同步作業範例程式
https://stackblitz.com/edit/ng-book-v2-fake-async-testing

圖 10-22

除了使用 tick() 方法來模組時間的推進，也可以利用 ComponentFixture 內的 whenState() 方法來實際等待非同步作業完成。因此，我們可以搭配著 async 方法，透過 whenStable() 方法來在非同步作業完成後，才去觸發 Angular 變更檢測，以及後續測試情境的驗證。

```typescript
// task-form.component.spec.ts
1  it('當關聯事項不存在時, 應顯示 "找不到指定的待辦事項" 錯誤訊息', async () => {
2    taskService.isExists.and.returnValue(of(false).pipe(delay(1000)));
3    ... // 輸入待辦事項類型與關聯事項
4
5    await fixture.whenStable();
6    fixture.detectChanges();
7    ... // 驗證錯誤訊息是否正確
8  });
```

範例 10-17 - 利用 whenStable 測試非同步作業範例程式
https://stackblitz.com/edit/ng-book-v2-when-stable-testing

圖 10-23

最後，我們也可以安裝 jasmine-marbles 套件，透過 RxJS 彈珠測試非同步作業。

```
$ npm i -D jasmine-marbles
```

下面程式透過了測試排程程式（Task Scheduler）來模擬在同步測試中的時間流逝。一開始，我們把待辦事項是否存在的方法回傳值，改成 cold() 方法所定義的 Observable 物件。這個方式是 jasmine-marbles 套件所提供，它會定義一個冷的 Observable 物件（cold observable），只有在被訂閱後才會產生值。我們利用 cold() 方法的第一個參數字串，定義整個 Observable 物件的回應，這個字串為彈珠圖的表示法，其中的 - 代表一個 frame；x 為每次所發送出的值，即訂閱時 next() 方法會接收到的資料；最後 | 則為完成事件，在訂閱時會觸發到 complete() 方法。除此之外，如果希望 Observable 物件時，會使用 # 表示，並在第三個參數指定錯誤內容。

```typescript
// TypeScript                          task-form.component.spec.ts
1  it('當關聯事項不存在時, 應顯示 "找不到指定的待辦事項" 錯誤訊息', () => {
2    const q$ = cold('---x|', { x: false });
3    taskService.isExists.and.returnValue(q$);
4    ... // 輸入待辦事項類型與關聯事項
5
6    getTestScheduler().flush();
```

```
7      fixture.detectChanges();
8      ... // 驗證錯誤訊息是否正確
9    });
```

接著在輸入完表單後,就會讓測試排程將設定好的佇列發送出來(第 5 行),此處類似於先前使用的 `tick()` 與 `whenStatus()` 的測試方法。最後去觸發 Angular 變更檢測,以及後續測試情境的驗證即可。

範例 10-18 - 利用彈珠測試非同步作業範例程式
https://stackblitz.com/edit/ng-book-v2-marbles-testing

圖 10-24

10.3.7　測試環境設置的變更

到目前為止,我們是在測試執行前把 TestBed 的組態都設定完成;然而,有時候會遇到因測試情境的不同,而需要設置不同的 TestBed 組態。例外,在待辦事項清單頁面元件(`TaskPageComponent`)中,清單資料會在元件載入時,將待辦事項服務所回傳的資料顯示在頁面上。

```typescript
// TypeScript                          task-page.component.spec.ts
1    beforeEach(async () => {
2      taskService = jasmine.createSpyObj<ITaskService>(['getTasks']);
3      taskService.getTasks.and.returnValue(of[]);
4      ...
5    });
6
```

```
7    it('應顯示 "無待辦事項" 訊息', () => { ... });

8

9    it('當服務回傳 2 筆資料，應顯示 2 筆待辦事項', () => {

10     taskService.getTasks.and.returnValue(of[new Task({ ... }, ... )]);

11

12     component.ngOnInit();

13     fixture.detectChanges();

14     ... // 驗證顯示筆數

15   });
```

若要針對待辦事項服務所回傳的個數不同，而撰寫不同的單元測試時，除了在設定服務回傳值後呼叫元件 ngOnInit() 方法外，也可以利用 TestBed 內的 override() 方法來設定組態內容。

不過，在先前有提到，在單元測試中如果執行了 TestBed 的 createComponent() 方法後，TestBed 的組態就無法被更動。因此，如下面程式，在兩種不同的測試情境，各自決定待辦事項服務所回傳的資料，並且利用 TestBed 的 overrideProvider() 方法變更測試環境內的提供者設定，最後才建立測試元件實體。

TypeScript	task-page.component.spec.ts

```
1    beforeEach(() => {

2      taskService = jasmine.createSpyObj<ITaskService>(['getTasks']);

3      TestBed.configureTestingModule({ ... });

4    });

5

6    describe('無待辦事項資料', () => {

7      beforeEach(() => {

8        taskService.getTasks.and.returnValue(of([]));
```

```
9         TestBed.overrideProvider(TaskServiceToken, { useValue: taskService });
10        createComponent();
11     });
12
13     it('應顯示 "無待辦事項" 訊息', () => { ... });
14   });
15
16   describe('有待辦事項資料', () => {
17     beforeEach(() => {
18       taskService.getTasks.and.returnValue(of[new Task({ ... }, ... )]);
19       TestBed.overrideProvider(TaskServiceToken, { useValue: taskService });
20       createComponent();
21     });
22
23     it('應顯示 2 筆待辦事項', () => { ... });
24   });
```

除 了 overrideProvider() 外，TestBed 還 有 如 overrideModule()、
overrideComponent() 與 overrideTemplate() 等針對不同對象的方法。

範例 10-19 - 變更測試環境設置範例程式

https://stackblitz.com/edit/ng-book-v2-testbed-override-
testing

圖 10-25

10.3.8 測試路由元件

在 Angular 應用程式中,我們會透過路由來進行不同頁面的切換,因此在頁面元件內會注入 Router 服務,並利用此服務的 navigate() 方法來導覽頁面。Angular 提供了 RouterTestingHarness 測試工具來協助我們針對這一類型的頁面元件撰寫單元測試。

在待辦事項清單頁面(TaskPageComponent)中,實作了讓使用者點選新增或編輯按鈕來切換至表單頁面。要撰寫此實作的單元測試,首先在測試環境的提供者設定中,利用 provideRouter() 方法定義所需的路由資訊。

```typescript
// TypeScript                               task-page.component.spec.ts
1    import { provideRouter } from '@angular/router';
2
3    beforeEach(() => {
4      const route = [{ path: 'task', children: [ ... ]}];
5
6      TestBed.configureTestingModule({
7        providers: [provideRouter(routes)]
8      });
9    });
```

接著,使用 RouterTestingHarness 的 create() 方法取得 Harness 測試工具,並透過 Harness 測試工具的 navigateByUrl() 來依路由定義取得要測試的元件實體,而不使用 TestBed 提供的 ComponentFixture 測試工具與元件實體。需注意的是 Harness 的方法都是非同步的,因此需要使用到 async 與 await 方法。

```typescript
// TypeScript                           task-page.component.spec.ts
1    async function createComponent() {
2      harness = await RouterTestingHarness.create();
3      component = await harness.navigateByUrl('/task/list', TaskPageComponent);
4      router = TestBed.inject(Router);
5    }
```

而在測試主體中，透過 Harness 測試工具的 routeDebugElement 來找尋新增
與編輯按鈕，並在點選按鈕後，就可以針對目前路由的網址進行檢查。

```typescript
// TypeScript                           task-page.component.spec.ts
1    it('點選新增按鈕時, 應導覽到待辦事項表單頁面', async () => {
2      const addElement = harness.routeDebugElement!.queryAll(By.css('button'))[0];
3      addElement.nativeElement.click();
4      await fixture.whenStable();
5      expect(router.url).toBe('/task/form');
6    });
7
8    it('點選編輯按鈕時, 應導覽到待辦事項表單頁面', async () => {
9      const taskElement = harness.routeDebugElement!.queryAll(
10       By.directive(TaskComponent)
11     )[0];
12     const editElement = taskElement.queryAll(By.css('button'))[0];
13     editElement.nativeElement.click();
14     await fixture.whenStable();
15     expect(router.url).toBe('/task/form/1');
16   });
```

範例 10-20 - 測試路由元件導覽作業範例程式
https://stackblitz.com/edit/ng-book-v2-router-testing

圖 10-26

在待辦事項清單頁面中，我們在點選編輯按鈕後，會導覽至待辦事項表單頁面，並把編號傳入路由資訊。在表單頁面元件中，可以透過 RouterTestingHarness 來設定傳入的路由資訊。如下面程式，透過 Harness 測試工具的 navigateByUrl() 來指定要導覽的路由路徑，就可以依照路由設定來決定傳入表單頁面元件的資訊。由於先前設定路由資訊直接繫結到元件的輸入性屬性，因此在測試上需要在 providers 加入 withComponentInputBinding() 設定。

TypeScript	task-form-page.component.spec.ts

```
1   beforeEach(() => {
2     TestBed.configureTestingModule({
3       providers: [provideRouter(routes), withComponentInputBinding()]
4     });
5   });
6
7   describe('編輯作業', () => {
8     beforeEach(async () => {
9       await createComponent(1);
10    });
11
12    it('標題應顯示 "待辦事項功能編輯"', () => {
13      const headerElement = harness.routeDebugElement!.query(By.css('.header'));
```

```
14        expect(headerElement.nativeElement.textContent).toBe('待辦事項功能編輯');
15    });
16  });
17
18  async function createComponent(id?: number) {
19    harness = await RouterTestingHarness.create();
20    const url = id ? `/task/form/${id}` : '/task/form';
21    component = await harness.navigateByUrl(url, TaskFormPageComponent);
22  }
```

範例 10-21 - 利用 RouterTestingHarness 測試路由資訊範
例程式

https://stackblitz.com/edit/ng-book-v2-route-harness-testing

圖 10-27

10.3.9 封裝測試頁面物件

在之前的章節中,針對 Angular 元件的測試常會去檢查頁面上的顯示是否符
合預期,因此常會需要在各個測試案例中使用 query() 方法來找尋特定的頁
面元素。然而,在元件有較為複雜的頁面時,就會讓找尋頁面元素的動作
散落在測試檔案的每個地方,增加測試程式的維護成本。

透過定義 Page 類別來管理頁面元素的取得,可以簡化測試程式的撰寫。例
如,先前在待辦事項表單元件(TaskFormComponent)的單元測試程式中,會
常使用到頁面上的表單輸入元素,如 input 與 select 等。此時,就可以新
增一 Page 類別來統一管理。

```typescript
                                        task-form-component.po.ts
1    export class Page {
2      get itemElements(): DebugElement[] {
3        return this.debugElement.queryAll(By.css('.form-item'));
4      }
5
6      get contentInput(): HTMLInputElement {
7        return this.itemElements[0].query(By.css('input')).nativeElement;
8      }
9
10     get contentErrorMessage(): HTMLElement {
11       return this.itemElements[0].query(By.css('.error-message')).nativeElement!;
12     }
13     ...
14     constructor(private debugElement: DebugElement) {}
15   }
```

接下來，在測試程式中，利用 fixture.debugElement 建立對應的 Page 物件。

```typescript
                                        task-form.component.spec.ts
1    describe('TaskFormComponent', () => {
2      let page: Page;
3      ...
4      function createComponent() {
5        fixture = TestBed.createComponent(TaskFormComponent);
6        component = fixture.componentInstance;
7        fixture.detectChanges();
8        page = new Page(fixture.debugElement);
9      }
10   });
```

然後，就可以在把測試案例中的頁面元素都修改使用成此 Page 物件的屬性。

```typescript
1   it('當關聯事項不存在時, 應顯示 "找不到指定的待辦事項" 錯誤訊息', async () => {
2     taskService.isExists.and.returnValue(of(false).pipe(delay(1000)));
3
4     page.typeSelect.value = 'Work';
5     page.typeSelect.dispatchEvent(new Event('change'));
6
7     page.relateInput.value = 'Task A';
8     page.relateInput.dispatchEvent(new Event('input'));
9     page.relateInput.dispatchEvent(new Event('blur'));
10    ...
11  });
```
TypeScript　　　　　　　　　　　　　　task-form.component.spec.ts

如以一來，當頁面的結構變更的時候，就可以只修改 Page 類別內的定義，而不需要動到單元測試程式，大大減少維護的成本。

範例 10-22 - 利用 Page 類別取得頁面元素測試範例程式
https://stackblitz.com/edit/ng-book-v2-page-object-testing

圖 10-28

除 了 把 頁 面 元 素 的 取 得 封 裝 到 Page 類 別 外，也 可 以 如 同 RouterTestingHarness 一樣，把一個元件封裝成 Component Harness，以透過較為友善的 API 存取測試所需要的頁面元素。

Component Harness 是 Angular CDK 用來因應頁面元素結構日益複雜，而讓測試取得頁面元素愈來愈困難，所提出的解決方案，目前 Angular Material 的元件都已提供對應的測試工具。透過下面語法安裝 Angular 的 cdk 套件後，就可以將元件自訂的測試工具。

```
$ npm install @angular/cdk
```

下面程式，實作了待辦事項元件的測試工具（TaskHarness）。一般而言，只要建立一個繼承 ComponentHarness 的類別，並把對應元件的選擇器設定為 hostSelector 屬性值，就可以完成一個元件的測試工具。

```typescript
import { ComponentHarness } from '@angular/cdk/testing';

export class TaskHarness extends ComponentHarness {
  static hostSelector = 'app-task';
  private content = this.locatorFor('span.content');
  private buttons = this.locatorForAll('button');

  async getContentText(): Promise<string> {
    const content = await this.content();
    return await content.text();
  }

  async edit(): Promise<void> {
    const button = (await this.buttons())[0];
    await button.click();
  }
}
```

進一步，可以利用 locatorFor() 方法來取得頁面元素，此方法可以指定選擇器，或是另一個 Component Harness。需要注意的是，這個方法所回傳的是一個函式，需要呼叫此函式後才會回傳測試工具與元件的 DOM 互動的 TestElement 介面。另外，使用 locatorForAll() 可以取得多個相同選擇器的頁面元素；若選擇器對象不一定存在頁面上，則可以使用 locatorForOptional() 方法。

如此一來，針對待辦事項元件的相關測試，都可以使用此測試工具所提供的方法，而忽略較為細節的部分。例如，在待辦事項清單元件的測試中，可以先透過 TestbedHarnessEnvironment 取得測試工具的載入器。

```typescript
// TypeScript                          task-list.component.spec.ts
1    describe('TaskListComponent', () => {
2      let loader: HarnessLoader;
3
4      function createComponent(tasks: Task[]): void {
5        ...
6        loader = TestbedHarnessEnvironment.loader(fixture);
7      }
8    });
```

然後，利用載入器的 getAllHarnesses() 方法取得頁面上所有的待辦事項元件測試工具，就可以直接呼叫所需要的方法，大大簡化了原本查詢頁面元素的程式。

```
TypeScript                                    task-list.component.spec.ts
1    it('點選編輯按鈕時, 應發送編輯事件', async () => {
2      const taskControl = (await loader.getAllHarnesses(TaskHarness))[0];
3      await taskControl.edit();
4      ...
5    });
```

順帶一提，載入器也提供 getHarness() 與 getHarnessOrNull() 來取得單一
或不一定存在的元件測試工具。

範例 10-23 - 使用自訂的元件測試工具範例程式
https://stackblitz.com/edit/ng-book-v2-component-harness-
testing

圖 10-29

10.3.10 測試 Angular 指令

Angular 指令是依附在頁面元素中，用來擴增或改變此宿主元素的功能。因
此需要透過宿主元素來測試 Angular 指令。

例如，在撰寫先前章節實作的按鈕樣式指令時，就需要先定義一個測試元
素，透過這個元件的反應來驗證指令是否正確。

```
TypeScript                                  black-button.directive.spec.ts
1    @Component({
2      template: `<button type="button" appBlackButton>黑色按鈕</button>`,
3    })
4    class TestComponent {}
```

也由於需要透過宿主元素來測試 Angular 指令，所以在測試上常會搭配著 overrideComponent() 或 overrideTemplate() 來依情境設定測試環境組態。

TypeScript	black-button.directive.ts

```
1    @Input('appBlackButton') type: 'light' | 'dark' = 'dark';
```

例如，我們在按鈕樣式指令中，新增淺色樣式或深色樣式的類型選擇。在測試程式中，就可以利用 overrideComponent() 來變更需要指定的樣式。

TypeScript	black-button.directive.spec.ts

```
1    it('當設定為淺色樣式時, 按鈕背影應為白色', () => {
2      TestBed.overrideComponent(TestComponent, {
3        set: {
4          template: `<button appBlackButton="light">淺色按鈕</button>`,
5        },
6      });
7      ...
8    });
9
10   it('當設定為深色樣式時, 按鈕背影應為黑色', () => {
11     TestBed.overrideComponent(TestComponent, {
12       set: {
13         template: `<button appBlackButton="dark">深色按鈕</button>`,
14       },
15     });
16     ...
17   });
```

也可以使用 overrideTemplate() 直接變更測試元件所使用的頁面範本。

```
TypeScript                                    black-button.directive.spec.ts
1    it('當設定為淺色樣式時, 按鈕背影應為白色', () => {
2      TestBed.overrideTemplate(
3        TestComponent,
4        `<button appBlackButton="light">淺色按鈕</button>`
5      );
6      ...
7    });
8
9    it('當設定為深色樣式時, 按鈕背影應為黑色', () => {
10     TestBed.overrideTemplate(
11       TestComponent,
12       `<button appBlackButton="dark">深色按鈕</button>`
13     );
14     ...
15   });
```

範例 10-24 - 測試 Angular 指令範例程式

https://stackblitz.com/edit/ng-book-v2-directive-testing

圖 10-30

10.3.11 測試預先載入資料方法

若要針對 ResolveFn 型別的方法撰寫單元測試，如下面程式，針對先前章節所實作的待辦事項預載方法的測試程式。在設定所需要的服務提供者後，使用 runInInjectionContext 來讓此函式在測試環境中進行測試。

TypeScript	task.resolver.spec.ts

```typescript
1   describe('taskResolver', () => {
2     let route: ActivatedRouteSnapshot;
3
4     beforeEach(() => {
5       route = new ActivatedRouteSnapshot();
6       ...
7     });
8
9     it('當執行 resolve 方法, 應呼叫待辦事項服務取得方法', () => {
10      route.params = { id: 1 };
11      runInInjectionContext(TestBed.inject(EnvironmentInjector), () =>
12        taskResolver(route, {} as RouterStateSnapshot)
13      );
14      expect(taskService.getTask).toHaveBeenCalledWith(1);
15    });
16  });
```

範例 10-25 - 測試預先載入資料方法範例程式

https://stackblitz.com/edit/ng-book-v2-resolver-testing

圖 10-31

Angular 全新特性

▶ 11.1 獨立元件與指令組合 API

Angular 團隊在 Angular 14 提出了獨立元件（Standalone Component）的元件設計，在 Angular 15 正式發佈，到 Angular 17 則會成為預設的元件開發方式。這一節來說明在 Angular 應用程式中如何定義與使用這種類型的元件。

本節目標

▶ 什麼是獨立元件

▶ 如何建立獨立元件

11.1.1 什麼是獨立元件

在 Angular 14 以前的版本中，Angular 要求每一個元件必須宣告在特定模組內，讓 Angular 應用程式都以模組為引用的基本單位。而獨立元件則打破了這項規則，它不用宣告在特定的模組中，而且可以當作模組被其他模組或元件直接匯入。

無論元件（Component）、指令（Directive）或管道（Pipe）都可以在對應的裝飾器設定 standalone 屬性為 true 就完成獨立元件的設定。

```
TypeScript                                    task-page.component.ts
1    @Component({
2      templateUrl: './task-page.component.html',
3      styleUrls: ['./task-page.component.css'],
4      standalone: true
5    })
6    export class TaskPageComponent implements OnInit { ... }
```

如果要在 Angular 16 利用 Angular CLI 建立獨立元件，則會在命令後加入 --standalone 參數。

```
$ ng generate component 元件名稱 --standalone [參數]
```

```
> ng generate component hello-standalone --standalone
CREATE src/app/hello-standalone/hello-standalone.component.css (0 bytes)
CREATE src/app/hello-standalone/hello-standalone.component.html (31 bytes)
CREATE src/app/hello-standalone/hello-standalone.component.spec.ts (618 bytes)
CREATE src/app/hello-standalone/hello-standalone.component.ts (336 bytes)
```

圖 11-1 利用 Angular CLI 建立獨立元件

如果針對已存在的專案，也可以利用 Angular CLI 所提供的 Schematics 直接修改成獨立元件。

```
$ ng generate @angular/core:standalone
```

```
❯ ng generate @angular/core:standalone
? Choose the type of migration: (Use arrow keys)
❯ Convert all components, directives and pipes to standalone
  Remove unnecessary NgModule classes
  Bootstrap the application using standalone APIs
```

圖 11-2 利用 Angular CLI 轉換成獨立元件

11.1.2 獨立元件的使用

當我們把一般元件轉變成獨立元件後，就可以如模組一樣在其他的模組或獨立元件匯入；而在獨立元件中也可以匯入其他需要的模組。

例如，我們將整個待辦事項功能模組下的元件都轉換成獨立元件後，如下面程式，可以在待辦事項元件直接匯入 `CommonModule` 模組。

TypeScript　　task.component.ts

```typescript
@Component({
  ...
  imports: [CommonModule, UtilsModule],
  standalone: true,
})
export class TaskComponent implements OnInit { ... }
```

或是依需要分別匯入所需要的 `NgIf`、`DecimalPipe` 等元件。

```typescript
// task.component.ts
1  @Component({
2    ...
3    imports: [NgClass, NgIf, DecimalPipe, ...],
4    standalone: true,
5  })
6  export class TaskComponent implements OnInit { ... }
```

如此一來，在待辦事項清單元件中，直接匯入待辦事項元件就可以使用此元件了。

```typescript
// task-list.component.ts
1  @Component({
2    ...
3    imports: [NgIf, NgFor, UtilsModule, TaskComponent],
4    standalone: true,
5  })
6  export class TaskListComponent { ... }
```

同樣地，在測試程式中也可以直接匯入測試對象元件，大大減少對測試模組的設定成本。

```typescript
// task-list.component.spec.ts
TestBed.configureTestingModule({
  imports: [TaskListComponent],
  ...
});
```

也由於獨立元件可以作為模組被匯入，導致了延遲載入的路由設置同樣地
不用依附在路由模組中。因此，我們可以刪除待辦事項功能與路由兩個模
組，只要公開所需要的路由資訊定義。

TypeScript	routes.ts

```typescript
1    export const routes: Routes = [
2      { path: 'list', component: TaskPageComponent },
3      { path: 'form', component: TaskFormPageComponent, ... },
4      { path: 'form/:id', component: TaskFormPageComponent, ... },
5    ];
```

就可以在應用程式路由設定中，直接載入待辦事項路由的定義。

TypeScript	app-routing.module.ts

```typescript
1    {
2      path: 'task',
3      loadChildren: () => import('./task-feature/routes').then((m) => m.routes),
4    },
```

更進一步，如果把路由資訊指定 default 時，就可以在指定延遲載入路由時
省略掉 then() 方法。

TypeScript	routes.ts

```typescript
1    const routes: Routes = [ ... ];
2    export default routes;
```

TypeScript	app-routing.module.ts

```typescript
1    {
2      path: 'task',
```

```
3        loadChildren: () => import('./task-feature/routes'),
4     },
```

範例 11-1 - 獨立元件範例程式

https://stackblitz.com/edit/ng-book-v2-standalone-component

圖 11-3

11.1.3 用獨立元件啟動應用程式

在 Angular 16 之前,利用 Angular CLI 建立的專案預設會使用 AppModule 模組作為啟動模組。不過我們也可以把 AppComponent 變更為獨立元件,並使用 AppComponent 作為應用程式啟用的第一個元件。此部份也可以利用圖 11-2 的 Angular CLI 指令來修改專案內的設定。

```
TypeScript                                    app.component.ts
1     @Component({
2       ...
3       imports: [RouterOutlet],
4       standalone: true,
5     })
6     export class AppComponent {}
```

因為是透過獨立元件啟動應用程式,在 main.ts 檔案中會改用 bootstrapApplication 來指定需要使用的啟動元件。而原本在 AppModule 設置的提供者,則會設定在 bootstrapApplication 第二個參數的 providers 屬性內;並利用 provideRouter() 來替代在 AppRoutingModule 模組的路由設定,以及 importProvidersFrom() 來匯入所需要的模組。

另外，先前在路由模組開啟繫結至輸入性屬性的特性，則會在
provideRouter() 方法中使用 withComponentInputBinding() 開啟。

```typescript
1    bootstrapApplication(AppComponent, {
2      providers: [
3        importProvidersFrom(BrowserModule),
4        provideRouter(appRoutes, withComponentInputBinding()),
5      ],
6    }).catch((err) => console.error(err));
```

而先前所設定的 Http 攔截器，如果以提供者的方式設定，會在
provideHttpClient() 方法中指定攔截器從 DI 取得。

```typescript
1     providers: [
2       ...
3       { provide: HTTP_INTERCEPTORS, useClass: AuthInterceptor, multi: true },
4       {
5         provide: HTTP_INTERCEPTORS,
6         useClass: ErrorHandleInterceptor,
7         multi: true,
8       },
9       provideHttpClient(withInterceptorsFromDi()),
10    ]
```

在 Angular 15 時，可以把 Http 攔截器改成 HttpInterceptorFn 型別的方法，
並在 provideHttpClient() 方法中指定。

```typescript
TypeScript                                    auth.interceptor.ts
1    export const authInterceptor: HttpInterceptorFn = (req, next) => {
2      const newReq = req.clone({
3        setHeaders: { Authorization: 'token' },
4      });
5      return next.handle(newReq);
6    };
```

```typescript
TypeScript                                              main.ts
1    providers: [
2      ...
3      provideHttpClient(
4        withInterceptors([authInterceptor, errorHandleInterceptor])
5      ),
6    ]
```

範例 11-2 - 獨立元件啟動應用程式範例程式

https://stackblitz.com/edit/ng-book-v2-standalone-bootstrap

圖 11-4

11.1.4　透過模組引用獨立元件

如先前所提到的，無論是模組或元件都會使用裝飾器的 `imports` 屬性來匯入獨立元件，如果希望獨立元件保持可以用模組的方式引用，以便在舊有程式升級時不會需要修改太多地方。

例如，我們把 UtilsModule 裡的按鈕樣式指令（BlackButtonDirective）
與按鈕確認指令（ButtonConfirmDirective）變成獨立元件，只要分別在
UtilsModule 模組裝飾器的 import 與 export 屬性中指定，就可以讓在使用
的時候，能直接匯入指令或是匯入 UtilsModule 模組。

```typescript
// TypeScript                                        utils.module.ts
@NgModule({
  imports: [CommonModule, BlackButtonDirective, ButtonConfirmDirective],
  declarations: [ ... ],
  exports: [BlackButtonDirective, ButtonConfirmDirective, ...],
})
export class UtilsModule {}
```

範例 11-3 - 透過模組引用獨立元件範例程式

https://stackblitz.com/edit/ng-book-v2-standalone-module

圖 11-5

11.1.5 指令組合 API

基於獨立元件的元件設計，Angular 15 新增了指令組合的 API 來讓我們可
以直接讓元件內建特定的指令。例如，我們在待辦事項清單元件中，如下
面程式，在待辦事項元件會連帶使用到 OverHighlightDirective 指令。

```
HTML                                          task-list.component.html
1    <app-task
2      appOverHighlight
3      *ngFor="let task of tasks; let odd = odd; trackBy: trackById"
4      ...
5    ></app-task>
```

若我們希望待辦事項元件都內建 OverHighlightDirective 指令的功能時，可以把這個指令加入待辦事項元件裝飾器中的 hostDirectives 屬性。

```
TypeScript                                         task.component.ts
1    @Component({
2      ...
3      imports: [CommonModule, UtilsModule],
4      standalone: true,
5      hostDirectives: [OverHighlightDirective],
6    })
7    export class TaskComponent implements OnInit { ... }
```

如此一來，就可以在使用待辦事項元件時，不用指定 appOverHighlight。然後，進一步希望可以在待辦事項元件中也可以設定背景色，就可以寫成：

```
TypeScript                                         task.component.ts
1    @Component({
2      ...
3      imports: [CommonModule, UtilsModule],
4      standalone: true,
5      hostDirectives: [{
6        directive: OverHighlightDirective,
```

```
7        inputs: ['appOverHighlight: bgColor'],
8        outputs: [],
9      }],
10   })
11   export class TaskComponent implements OnInit { ... }
```

透過 inputs 與 outputs 屬性可以讓元件也擁有該指令的輸入性屬性與輸出
事件。然而，OverHighlightDirective 指令是利用選擇器作為輸入屬性名
稱；此時，可以在指定 inputs 時，利用冒號來針對輸入屬性給予別名。這
樣子，就可以直接在待辦事項元件指定背景色屬性。

HTML	task-list.component.html

```
1    <app-task
2      bgColor="lightpink"
3      *ngFor="let task of tasks; let odd = odd; trackBy: trackById"
4      ...
5    ></app-task>
```

範例 11-4 - 指令組合 API 範例程式
https://stackblitz.com/edit/ng-book-v2-directive-
composition-api

圖 11-6

▶ 11.2 全新檢測變更機制 – 訊號（Signal）

在先前章節有提到，Angular 利用 zone.js 套件來監控非同步作業，以觸發檢測變更作業。在 Angular 17 中加入了 Signal 機制來取消 Angular 應用程式相依於 zone.js 套件，進一步可以用更加響應式的方式來開發應用程式。

本節目標

▶ 如何使用訊息（Signal）

▶ 如何把 Signal 跟 RxJS 搭配使用

11.2.1 使用 Signal 機制開發元件

在先前的章節中,我們利用資料繫結的方式來連結應用程式狀態與頁面範本,以便改變狀態後可以直接改變頁面顯示結果。在程式邏輯中,如果我們希望在特定狀態被變更時,可以觸發執行其他作業,就會使用 RxJS 來實作。而在 Angular 17 開始,透過訊號(Signal)機制就可以更容易地實作這種需求。

例如,在待辦事項清單頁面中,所顯示的待辦事項個數與完成率等資訊需求,則可以如下面程式,把個數(taskCount)屬性變更成訊號(Signal)型別。

```typescript
1    taskCount = signal(0);
```
TypeScript · task-page.component.ts

我們會如同函式呼叫方式,使用小括號來取得訊號型別的變數資料。因此在頁面範本中,就會寫成:

```html
1    <div>待辦事項總數:{{ taskCount() }}</div>
```
HTML · task-page.component.html

接著,我們就可以在資料載入時,利用 set() 方法來更新總數的值。

```typescript
1    ngOnInit(): void {
2      this.tasks$ = combineLatest([
3        this.queryState$,
4        this.refresh.pipe(startWith(undefined)),
5      ]).pipe(
```
TypeScript · task-page.component.ts

```
6            switchMap(([state]) =>
7              this.taskService.getTasks(state).pipe(
8                tap((tasks) => this.taskCount.set(tasks.length)),
9                ...
10           )
11         )
12     );
13   }
```

除此之外，也可以利用 update() 方法，來依變數對象的值進行修改。

TypeScript
```
1      taskCount.update(value => ...);
```

如此一來，我們就可以直接以 totalCount 值計算剩下待辦事項個數與完成率。

TypeScript   task-page.component.ts
```
1      notFinishCount = computed(() => this.taskCount() - this.finishCount);
2      finishRate = computed(() => this.finishCount / this.taskCount());
```

如上面程式，我們可以透過 computed() 方法定義一個計算型的訊號，當待辦事項個數被變更時，就會觸發此方法內的函式來計算新值。

HTML   task-page.component.html
```
1      <div>剩下待辦事項個數：{{ notFinishCount() }}</div>
2      <div>完成率：{{ finishRate() | percent : "2.1-2" }}</div>
```

一般而言，因為會持續觸發檢測變更，所以在 Angular 應用程式中會避免在頁面範本使用函式呼叫。然而，Angular 的訊號機制會延遲地計算與記錄變數狀態，因此可以放心在頁面範本如上面程式使用計算型訊號。

最後，Angular 提供了 effect() 方法讓我們可以定義特定變數更改下執行其他作業。

```typescript
                                          task-page.component.ts
1    constructor() {
2      effect(() => console.log(this.taskCount()));
3    }
```

需要注意的是，如同 inject() 方法一樣，effect() 方法只能使用在建構階段。

範例 11-5 - Signal 範例程式

https://stackblitz.com/edit/ng-book-v2-signal

圖 11-7

11.2.2 結合 RxJS 作業開發元件

進一步，我們可以修改待辦事項清單頁面，結合訊號與 RxJS 來實作查詢條件與分頁機制。首先，將狀態條件與分頁資訊變更成訊號型別。

```
TypeScript                                    task-page.component.ts
1    queryState = signal<'None' | 'Doing' | 'Finish' | undefined>(undefined);
2
3    private _pageIdx = signal(1);
4    @Input({ transform: (value: string) => +(value ?? '1') })
5    set pageIdx(value: number) { ... }
6    get pageIdx() { ... }
7
8    private _pageSize = signal(2);
9    @Input({ transform: (value: string) => +(value ?? '2') })
10   set pageSize(value: number) { ... }
11   get pageSize() { ... }
```

```
HTML                                          task-page.component.html
1    <button type="button" (click)="queryState.set(condition.value)">查詢</button>
```

Angular 提供了 toObservable() 與 toSignal() 方法，讓我們可以更容易的處理可監控型別（Observable）與訊號型別（Signal）之間的轉換；與 effect() 方法一樣，這兩個方式只能使用於建構階段。

```
TypeScript                                    task-page.component.ts
1    import { toObservable, toSignal } from '@angular/core/rxjs-interop';
2
3    @Component({ ... })
4    export class TaskPageComponent {
5      ...
6      tasks$ = combineLatest([
7        toObservable(this.queryState),
8        toObservable(this._pageIdx),
```

```
9        toObservable(this._pageSize),
10    ]).pipe(
11      switchMap(([state, pageIdx, pageSize]) => { ... })
12    );
13  }
```

如上面程式，透過 toObservable() 方法來轉換條件與分頁資訊，並監控其值的變化來取得待辦事項清單。接著，利用 toSignal() 方法轉換待辦事項清單為訊號類型，透過此方法第二個參數的 initialValue 屬性，可以設定此資料的初始值，該初始值型別則會定義在第二個泛型參數中。

TypeScript	task-page.component.ts

```
1    tasks = toSignal<Task[], Task[]>(this.tasks$, { initialValue: [] });
```

如此一來，就可以在頁面上直接使用 tasks 屬性來顯示待辦事項的清單。

HTML	task-page.component.html

```
1    <app-task-list [tasks]="tasks()" ...></app-task-list>
```

範例 11-6 - Signal 結合 RxJS 範例程式

https://stackblitz.com/edit/ng-book-v2-signal-rxjs

圖 11-8

▶ 11.3 全新控制流程語法

在先前實作中，我們使用 NgIf、NgFor 或 NgSwitch 等結構式
指令來依條件顯示頁面元素。Angular 17 提出了全新的控制
流程語法，來增加應用程式的執行效率，也改善頁面程式的閱讀
性；除此之外，Angular 17 還提出動態載入元件的 @defer 語法，
以依條件來載入元件。不過，若要使用在正式產品程式時，需注
意這些語法在 Angular 17 為開發者預覽（developer reviewer），
可能在正式發佈後會有變動。順帶一提，若要更改已開發的專案
中，採用全新的控制流程語法，可以執行 `ng generate @angular/`
`core:control-flow` 命令，讓 Angular CLI 修改專案程式碼。

本節目標

▶ 頁面顯示清單資料

▶ 頁面依條件顯示或隱藏特定內容

▶ 依條件動態載入顯示的元件

11.3.1 條件判斷 – @if

在待辦事項清單元件（TaskListComponent）中，如下面程式，利用了 ngIf 指令依待辦事項個數來顯示資料清單或空資料訊息。

HTML	task-list.component.html

```
1    <ng-container
2      *ngIf="tasks && tasks.length >= 1; then list; else empty"
3    ></ng-container>
```

在 Angular 17 可以改用 @if 來實作上面的需求

HTML	task-list.component.html

```
1    @if (tasks && tasks.length >= 1) {
2      <app-task ...></app-task>
3    } @else {
4      <div class="data-empty">無待辦事項</div>
5    }
```

範例 11-7 - @if 控制流程語法範例程式

https://stackblitz.com/edit/ng-book-v2-control-flow-if

圖 11-9

11.3.2 清單列表 – @for

```
HTML                                        task-list.component.html
1    <app-task *ngFor="let task of tasks; let odd = odd; trackBy: trackById">
2    </app-task>
```

在清單資料的顯示中，原本的 ngFor 指令則可以使用 @for 來實作。透過此
語法，我們可以指定特定屬性至 @for 的 track 屬性中，以及透過 $index、
$odd 與 $even 等變數來取得清單的索引值等資訊。

```
HTML                                        task-list.component.html
1    @for (task of tasks; track task.id) {
2      <app-task [class.odd]="$odd" ...></app-task>
3    } @empty {
4      <div class="data-empty">無待辦事項</div>
5    }
```

另外，原本需要搭配 ngFor 與 ngIf 來依資料筆數顯示內容，則可以直接使
用 @empty 語法，決定在空資料清單時，所要顯示的頁面元素。

範例 11-8 - @for 控制流程語法範例程式

https://stackblitz.com/edit/ng-book-v2-control-flow-for

圖 11-10

11.3.3 多個條件判斷 – @switch

同樣地，Angular 17 提供了 @switch 來依不同條件決定頁面的顯示。因此，在待辦事項元件（TaskComponent）的狀態就可以改寫成：

```html
@switch(task.state) {
  @case( "Doing") {
    <span>進行中</span>
  }
  @case( "Finish") {
    <span>已完成</span>
  }
  @default {
    <span>未安排</span>
  }
}
```

task.component.html

範例 11-9 - @switch 控制流程語法範例程式

https://stackblitz.com/edit/ng-book-v2-control-flow-switch

圖 11-11

11.3.4 可延遲載入頁面 – @defer

在 Angular 17 中提供了 @defer 語法，讓開發人員可以依不同狀態，控制特定頁面元素延遲載入。待辦事項清單頁面（TaskPageComponent）中，我們可

以在清單元件加入 @defer 來控制延遲載入的時機點。Angular 也提供幾個語法，讓我們可以依不同的載入階段決定顯示的頁面內容；如在觸發條件未達成前，就會使用 @placeholder 所包覆的區塊；條件成立後而正在載入時，則會使用 @loading 區塊；以及載入時發生錯誤所使用的 @error 區塊。

```html
@defer {
  <app-task-list [tasks]="tasks()" ...></app-task-list>
  ...
} @placeholder {
  <div>等待中</div>
} @loading {
  <div>載入中</div>
} @error {
  <div>載入錯誤</div>
}
```

HTML	task-page.component.html

進一步，Angular 提供了多種延遲載入的觸發方式，我們可以在 @defer 語法中使用 on 關鍵字來指定載入的觸發器。首先，可以透過 interaction 觸發器來設定當使用者與特定頁面元素互動時載入顯示，其互動方式包含了 click、focus、touch 或是輸入事件。

```html
@defer(on interaction) {
  <app-task-list [tasks]="tasks()" ...></app-task-list>
} @placeholder {
  <div class="data-message">點此處顯示資料</div>
}
```

HTML	task-page.component.html

在上面程式中，設定當使用者點選清單時才會載入資料清單。我們也可以
設定當使用者點選查詢按鈕時載入清單。

```html
HTML                                          task-page.component.html
1    <button type="button" #search ...>查詢</button>
2
3    @defer(on interaction(search)) {
4      <app-task-list [tasks]="tasks()" ...></app-task-list>
5    }
```

我們還可以設定特定頁面元素出現在畫面的可見位置才進行載入。例如，
在下面程式中，設定待辦事項頁面的頁尾區塊，只有它出現在螢幕的可視
範圍內才進行載入其內容元素。

```html
HTML                                          task-page.component.html
1    <div class="footer" #footer>
2      @defer(on viewport(footer)) {
3        <div>
4          <div>待辦事項總數：{{ taskCount() }}</div>
5          ...
6        </div>
7        <div>
8          <strong>錯誤訊息</strong>
9          ...
10       </div>
11     }
12   </div>
```

其他的觸發器還有在游標經過特定頁面元素後才載入的 hover，或是在特定
秒數或毫秒數後才載入的 timer 觸發器。

```
HTML
1    <!-- 指定秒數 -->
2    @defer(on timer(2s)) {}
3
4    <!-- 指定毫秒數 -->
5    @defer(on timer(500ms)) {}
```

最後 idle 與 immediate 觸發器則是依頁面載入的狀況而定，前者是 @defer 的預設值，會在瀏覽器進入閒置狀態時載入頁面元素，而後者則是頁面渲染完成後立即載入頁面元素。

除了利用觸發器設定載入的時間點外，也可以在 @defer 語法中使用 when 關鍵字來依邏輯判斷來決定載入頁面元素的時間點。例如，在待辦事項頁面中，當有查詢特定待辦事項時才載入明細元件，就可以寫成：

```
HTML                                    task-page.component.html
1    @defer (when !!selectedId) {
2      <app-task-detail [id]="selectedId!"></app-task-detail>
3    }
```

另外，如下面程式，在 @defer 中也可以指定多個觸發器或條件。

```
HTML
1    @defer(on viewport(xxx), timer(500ms); when tasks > 0) {}
```

範例 11-10 - @defer 可延遲載入頁面範例程式

https://stackblitz.com/edit/ng-book-v2-defer

圖 11-12

@defer 語法與 @if 語法或 ngIf 指令不同的是，@if 或 ngIf 指令是針對 DOM 來控制是否顯示，而 @defer 語法則是針對整個元件程式的 js 檔案進行是否載入的控制。在執行 `ng serve` 命令時，如圖 11-13，可以看到除了主程式檔案（main.js）外，也產生了一些延遲載入的檔案。

```
Initial Chunk Files  | Names              |  Raw Size  |
polyfills.js         | polyfills          |  82.71 kB  |
main.js              | main               |  21.99 kB  |
chunk-6670NNDJ.js    | -                  |  10.19 kB  |
chunk-M2IW6IYZ.js    | -                  |  944 bytes |
chunk-SHAOKUVO.js    | -                  |  938 bytes |
chunk-PHCB20XS.js    | -                  |  234 bytes |
styles.css           | styles             |  153 bytes |
                     |                    |            |
                     | Initial Total      |  117.11 kB |

Lazy Chunk Files     | Names              |  Raw Size  |
chunk-KM2OQZQL.js    | routes             |  41.25 kB  |
chunk-K6YY4DV5.js    | task-list-component|  13.65 kB  |
chunk-OU7J3EYT.js    | task-detail-component|  4.67 kB  |

Application bundle generation complete. [2.809 seconds]
Watch mode enabled. Watching for file changes...
  → Local:   http://localhost:4200/
```

圖 11-13 Angular 應用程式打包檔案

因此，透過開發者工具可以看到，在觸發載入頁面元素時，才會載入對應元件的 js 檔案。

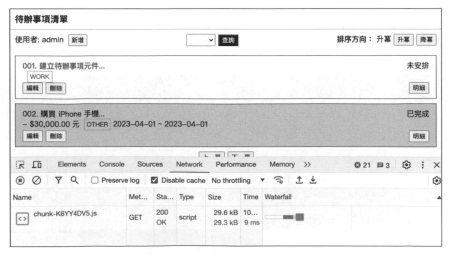

圖 11-14 動態載入元件作業

我們也可以在 @defer 語法中使用 prefetch 關鍵字來指定觸發或條件下，預先下載此區塊的 js 檔案。

HTML	task-page.component.html

```
1    @defer(on interaction; prefetch on idle) {
2        <app-task-list [tasks]="tasks()" ...></app-task-list>
3    }
```

在上面程式中，針對待辦事項清單設定了在瀏覽器閒置時預先下載 js 檔案。結果就會如圖 11-15 所示，從開發者工具可以看到在待辦事項清單還未觸發顯示時，對應的 js 檔案已經被下載。

圖 11-15 預先載入 js 檔案

在單元測試中，Angular 也在 Component Fixture 中提供了 getDeferBlocks() 方法來取得頁面中的延遲載入的區塊。

```typescript
                                        task-page.component.spec.ts
1    it('應顯示 "無待辦事項" 訊息', async () => {
2      const deferBlock = (await harness.fixture.getDeferBlocks())[0];
3
4      await deferBlock.render(DeferBlockState.Placeholder);
5      const listElement = harness.routeDebugElement!.query(
6        By.css('.data-message')
7      );
8      expect(listElement.nativeElement.textContent).toBe('點此處顯示資料');
9
10     await deferBlock.render(DeferBlockState.Complete);
11     const emptyElement = harness.routeDebugElement!.query(
12       By.css('.data-empty')
13     );
14     expect(emptyElement).toBeTruthy();
15   });
```

如上面程式，利用 getDeferBlocks() 方法取得待辦事項清單的延遲載入區塊後，可以透過 render 來設定延遲載入的狀況，其值包含了 Placeholder、Loading、Complete 與 Error。

範例 11-11 - @defer 可延遲載入頁面測試範例程式
https://stackblitz.com/edit/ng-book-v2-defer-test

圖 11-16

開發、建置與部署

▶ 12.1 Angular CLI 常用指令

在先前的章節中，我們使用 CLI 來建立專案與各種元件，不過 Angular CLI 還針對開發的不同階段，提供了各種簡化作業的命令。這一節會補充說明 Angular CLI 其他常用的命令。

本節目標

▶ 如何建立 menorepo 類型的 Angular 工作空間

▶ 如何利用 Schematics 管理專案套件

12.1.1 建立函式庫專案

Angular CLI 預設是採用多專案的檔案架構來管理工作空間。因此,除了在應用程式中建立不同的 Angular 模組外,我們也可以把模組建立在函式庫專案內,讓應用程式的架構可以更加的靈活與彈性。

透過 Angular CLI 的 `ng new` 命令預設上會建立網頁應用程式,不過我們可以指定 --create-application 參數來建立一個空的工作空間。

```
$ ng new [名稱] --create-application=false
```

就可以在這個工作空間內建立函式庫專案。

```
$ ng generate library [函式庫名稱] --prefix=前字元
```

同樣地,也可以建立網頁應用程式。

```
ng generate application --routing
```

如此一來,就可以利用 monorepo[1] 的方式來管理 Angular 專案。另外,在函式庫專案裡,除了把要公開的 Angular 元件指定在模組組態的 exports 屬性外,還需要在 public-api.ts 檔案裡匯出,才能在函式庫編譯後,被其他專案使用。

TypeScript	scr/public-api.ts

```
1    export { TaskComponent } from './task/task.component';
```

---

1 Monorepo 專案管理方式:https://en.wikipedia.org/wiki/Monorepo

12.1.2 利用 Schematics 管理套件與建立元件

Angular 提供了 Schematics 來協助我們更加簡化開發所需要的作業。它是一
種程式產生器，只要套件有提供時，我們就可以利用下面的命令來新增套
件。

```
$ ng add 套件名稱 [參數]
```

Angular CLI 會依照 Schematics 所定義的內容，把這個套件所需要的設定都
設好。例如，如果要在專案中加入 Angular Material 套件時，就可以執行下
面命令，來取代手動安裝相關套件以及設定 Material Icon 與樣式等步驟。

```
$ ng add @angular/material
```

Schematics 同樣也支援建立元件的作業，例如我們可以執行下面命令來建立
一個 Angular Material 的資料表元件。

```
$ ng generate @angular/material:table 名稱
```

另外，在應用程式開發過程中，所相依的元件模組多少會有版本更新。此
時就可以直接執行：

```
$ ng update 套件名稱 [參數]
```

Angular CLI 就會依模組所提供的 Schematics 定義，檢查並修改專案程式，
針對破壞性變更的特性，就可以減少手動修改程式的機會。例如，Angular
Material 在第 10 版時，移除了從 @angular/material 引用按鈕元件，當執行
下面命令後，除了升級 Angular Material 版本外，也一併將專案內使用到

@angular/material 的引用改成 @angular/material/button，讓更新元件版本的作業更加的方便。

```
$ ng update @angular/material
```

12.1.3 程式碼風格檢查

實務上，為了避免因為是由團隊開發應用程式，而導致專案中出現各種不同的程式風格，進一步增加程式維護上的難度，會在專案中加入 ESLint 工具，來統一程式碼風格。

Angular CLI 提供了下面命令，來查專案下的程式，是否有依照 ESLint 的規則定義撰寫。

```
$ ng lint [專案名稱] [參數]
```

▶ 12.2 應用程式的建置組態

Angular 應用程式開發完後，我們把整個應用程式打包與編譯成 JavaScript 與 CSS 檔案，以提供日後部署到正式環境中，提供最終使用者操作。這一節會針對 angular.json 檔案內，與編譯作業相關的組態設定。

本節目標

▶ 如何設定圖片、樣式等靜態檔案

▶ 如何針對不同環境設定建置組態

12.2.1 工作空間組態

在先前章節提到，在根目錄下的 angular.json 檔案用來定義整個 Angular 工作空間的組態，而工作空間內的專案組態則會設定在組態檔內的 projects 屬性內。

```json
{
  "projectType": "application",
  "root": "",
  "sourceRoot": "src",
  "prefix": "app",
  "schematics": { },
  "architect": { }
}
```

- **projectType**

  用來定義專案的類型為應用程式（application）或函式庫（library）。

- **root**

  用來定義 Angular 專案的根目錄位置。

- **sourceRoot**

  用來定義專案程式碼檔案的根目錄位置。

- **prefix**

  Angular CLI 在建立元件、指令與管道時，所設定的選擇器前字元。

- **schematics**

  定義該專案在 Angular CLI 建立元件時所使用的參數設定。

- **architect**

  定義專案建置與編譯所需要的組態，可以設定多個設定，並在執行
  命令時利用 --configuration 參數來指定所要使用的組態。

12.2.2 靜態檔案的設定

在應用程式中常會需要使用到圖片、Json 檔等靜態檔案。我們可以在組態
檔內的 build 屬性設定這些靜態檔案，以在應用程式編譯時，可以複製到發
佈資料夾內。

JSON	angular.json

```
1    "build": {
2      "options": {
3        "assets": ["src/favicon.ico", "src/assets"],
4      }
5    }
```

除了指定檔案路徑字串外，也可以更明確地設定需要複製的檔案，例如：

JSON	angular.json

```
1    {
2      "glob": "**/*",
3      "input": "src/assets",
4      "output": "/assets",
5    }
```

在上面程式中，利用 input 與 output 屬性明確指定目標檔案的來源與目標路徑；glob 屬性則是用來作為檔案來源的基準目錄，上面程式指定為 **/*，代表 src/assets 目錄下所有的檔案（含子目錄）。除此之外，我們還可以設定 ignore 屬性來排除不需要複製的檔案路徑。

12.2.3 全域樣式與 JavaScript 檔案配置

網頁應用程式在整合上，有時候會因各種原因需要使用到全域的樣式定義，或是其他已存在的 JavaScript 檔案。此時，可以設定 styles 與 scripts 屬性把外部的樣式與 JavaScript 檔案一併打包。

```json
"build": {
  "options": {
    "styles": ["src/styles.css"],
    "scripts": []
  }
}
```

12.2.4 不同執行環境變數的配置

在 Angular 應用程式中，會將環境變數定義在 environments 目錄內，並依環境建立各自的設定檔。例如，我們可以在 environment.ts 內定義遠端服務的位置。

```typescript
TypeScript                              src/environments/environment.ts
1    {
2      production: false,
3      api: 'http://localhost:3000'
4    }
```

當應用程式需要使用到環境變數，只要引用 environment.ts 即可。

```typescript
TypeScript
1    import { environment } from '../../environments/environment';
2    private _url = `${environment.api}/task`;
```

順帶一提，在程式中所引用的路徑，會依照其相對位置而有所不同。我們可以在 tsconfig.json 檔案內設定 paths 屬性來統一管理。

```json
JSON                                              tsconfig.json
1    {
2      "compilerOptions": {
3      "paths": {
4        ...
5          "environment": ["./src/environments/environment"]
6      }
7      }
8    }
```

如此一來就可以在程式中直接從 environment 引用環境變數：

```typescript
TypeScript
1    import { environment } from 'environment';
```

然而，利用 Angular CLI 所建立的專案，預設會包含生產環境的環境變數定義檔案。若要針對預備環境設定環境變數，可以先複製一份 environment.ts 檔案，並將其命令為 environment.staging.ts。接著，在 angular.json 檔案的 `configurations` 屬性加入預備環境的定義，透過 `fileReplacements` 屬性定義環境變數的替換。

```json
"configurations": {
  "staging": {
   "fileReplacements": [{
     "replace": "src/environments/environment.ts",
     "with": "src/environments/environment.staging.ts",
   }]
  }
}
```

如此一來，就可以執行 `ng build --configuration=staging` 來建置預備環境的應用程式封裝檔。進一步若也要在 `ng serve` 命令使用這個設定，就需要在 angular.json 檔案的 serve 屬性中加入 staging 的設定。

```json
"serve": {
  "configurations": {
    ...
    "staging": {
      "browserTarget": "app-demo:staging"
    }
  }
}
```

▶ 12.3 部署應用程式

開 發完應用程式後，就要把整個應用程式建置打包後，部署到生產環境。而這一節就來說明如何利用 Angular CLI 來建置與部署應用程式。

本節目標

▶ 如何利用 `ng build` 命令建置應用程式

▶ 設定 IIS 站別重寫規則

12.3.1 利用 ng build 命令建置應用程式

要部署 Angular 應用程式,最簡單的方式就是利用下面命令來建置應用程式,直接將輸出資料夾內的檔案複製到伺服器上即可。

```
$ ng build --configuration production
```

Angular 應用程式建置的輸出資料夾設定在 angular.json 檔案中的 outputPath 屬性內。

```json
"build": {
  "options": {
    "outputPath": "dist/app-demo",
    "index": "src/index.html",
    "main": "src/main.ts",
    "polyfills": "src/polyfills.ts",
    "tsConfig": "tsconfig.app.json",
  }
}
```

我們還可以利用下面的命令方式,來改變設定在 index.html 檔案內的基底網址。

```
$ ng build  --configuration production --base-href=/app/
```

12.3.2　IIS 站別設定

Angular 應用程式是利用路由機制來切換頁面，當使用者透過頁面功能導覽頁面時，Angular 會攔截並路由到對應的頁面。不過，當使用者直接在網址列輸入網址，或是重新整理當下頁面時，因為這些是屬於瀏覽器的操作，瀏覽器會直接向伺服器發送請求，並返回找不到網址的錯誤頁面。

此時，在 IIS 站台中可以新增或修改 web.config 檔案，並加入下面的重寫規則來解決這個問題。

```
web.config
1   <system.webServer>
2     <rewrite>
3       <rules>
4         <rule name="Angular Routes" stopProcessing="true">
5           <match url=".*" />
6           <conditions logicalGrouping="MatchAll">
7             <add input="{REQUEST_FILENAME}" matchType="IsFile" negate="true" />
8             <add input="{REQUEST_FILENAME}" matchType="IsDirectory"
    negate="true" />
9           </conditions>
10          <action type="Rewrite" url="/index.html" />
11        </rule>
12      </rules>
13    </rewrite>
14  </system.webServer>
```